超负荷的大脑

Den Översvämmade Hjärnan

信息过载与工作记忆的极限

［瑞典］托克尔·克林贝里（Torkel Klingberg）/著
周建国　周东 /译

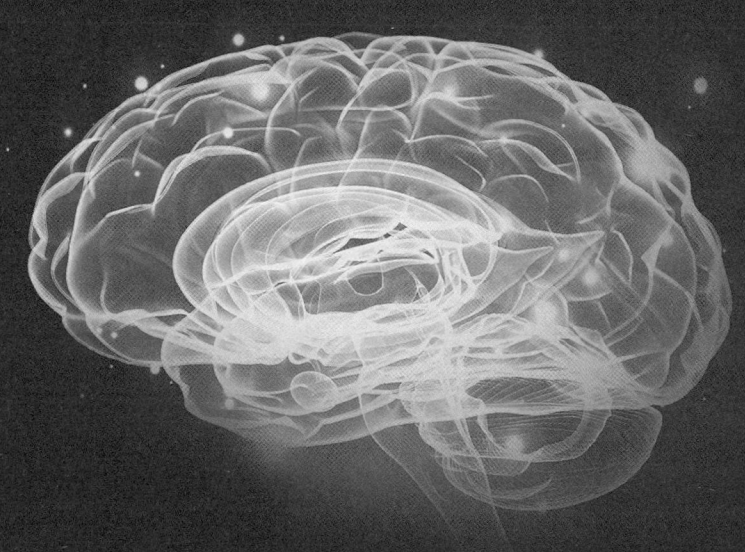

上海科技教育出版社

对本书的评价

◇

在一个对信息的需求几近精神失常的信息时代,此书实为理智的惊鸿一瞥。

——《出版人周刊》(*Publishers Weekly*)

◇

克林贝里不仅令与心理学实验有关的素材通俗易懂,还穿插了大量的趣闻轶事。

——《华盛顿邮报》(*Washington Post*)

◇

一本最重要的年度图书!

——SharpBrains.com 网站

◇

本书的写作风格如谈话般温和,富有吸引力。克林贝里简单易懂地解释了科学背景,却没有对其过分简化……他在工作记忆方面的开创性研究、大量的验证性实验和神经影像学方面的拓展工作,构成了一个有趣的故事。

——《新英格兰医学杂志》(*New England Journal of Medicine*)

◇

一本出色的科学读物,有着最通俗易懂的风格。

——《神经元》(*Neuron*)

◇

克林贝里在科学性和可读性之间做了极好的平衡，使这本书变得极为有趣。

——《萨克拉曼多图书评论》(Sacramento Book Review)

◇

如何测量、训练和增强工作记忆是本书的主题。这是神经学家兼医生的托克尔·克林贝里所写的第一本书，他以研究患有注意缺陷障碍的年轻人而闻名……克林贝里这本简短的书有相当大的冲击力。

——《柳叶刀》(The Lancet)

◇

克林贝里对注意力、工作记忆、智力和神经科学广泛涉及的一系列主题进行了生动而见地丰富的调查……他文笔优美，而且对认知和神经科学的各种主题都有惊人的了解。在书的最后，他对工作记忆系统训练的重要性提出了一个重要且有说服力的理由。

——《心理学评论》(PsycCRITIQUES)

内容提要

这是一个被称为信息大爆炸的时代。为了在这个时代中生活和工作，人们开始边走路边打手机，边开会边收发电子邮件，边看电视新闻边浏览电脑网页，还要在纷乱嘈杂的环境中一心一意地与人对话、完成手头的工作。对此，许多人有力不从心之感。是不是我们所创造的信息文明已经超出了我们生物性大脑的容量？克林贝里，一位认知神经科学领域的学术领袖，在这本权威性的著作中，将关于大脑进化的讨论、神经科学的历史、最前沿的科研方法学、信息理论，以及对神经可塑性的最新见解和关于多种神经发育疾病的全面综述，巧妙地结合在一起，用深入浅出、引人入胜的叙述方式，向读者解释了什么是"超负荷的大脑"，并试图回答：我们大脑处理信息的能力为什么是有限的？这对我们的日常生活有什么影响？我们如何通过脑力锻炼拓展这些极限？

作者简介

托克尔·克林贝里,医学博士、哲学博士,著名的瑞典卡罗林斯卡研究院以及斯德哥尔摩脑研究院的认知神经科学教授。克林贝里的研究证明,工作记忆(working memory)能力可以通过训练加以提高。他的突破性研究成果在《科学》(Science)、《自然神经科学》(Nature Neuroscience)、《美国科学院儿童与青少年精神病学杂志》(Journal of the American Academy of Child and Adolescent Psychiatry)等学术期刊上均有发表。除了获得学术界的认可外,克林贝里还获得《科学美国人》(Scientific American)、《新科学家》(New Scientist)等知名媒体的高度评价。克林贝里还创建了Cogmed公司,开发出训练工作记忆的计算机软件并推向市场。

献给
汉娜(Hannah)和林内亚(Linnea)

CONTENTS 目录

目 录

001 — 序言

001 — 第一章　引言：石器时代的大脑遭遇信息洪流
014 — 第二章　信息门户
027 — 第三章　心智工作台
039 — 第四章　工作记忆的模型
047 — 第五章　大脑与神奇数字7
059 — 第六章　协同能力与脑力带宽
071 — 第七章　华莱士悖论
080 — 第八章　大脑可塑性
088 — 第九章　ADHD存在吗？
099 — 第十章　认知健身房
108 — 第十一章　脑力的日常锻炼
119 — 第十二章　电脑游戏
128 — 第十三章　弗林效应
136 — 第十四章　神经认知的强化
142 — 第十五章　信息洪流与心流

148 — 注释及参考文献

序　言

曼哈顿向来不是个安静的地方,但是在过去10年左右的时间里,它纷乱的节奏达到了一个新高度。手机和iPod可谓来势汹汹!它们的出现会成为社会走向自我毁灭的拐点吗?人们一边走路一边听音乐、打电话、发短信、拍照片,还得尽量避免撞上其他人。这可不是那么容易的事情。所以你每天都能看到有人因为专心致志地看手机而被人绊倒、被狗绊倒、被消防栓绊倒,撞上了墙,甚至险些撞上飞驰而来的汽车。

一个稀里糊涂的路人因为专注手上的小玩意而分心乏术闹出笑话,这样的画面或许很滑稽,但也标志性地反映出我们这个时代的特色以及我们的文化所面临的挑战。我们越来越受到信息流(information flows)的驱使。所以,当政客和经济学家为石油供给不足以维持社会运转而忧心忡忡之时,我们应该同样为过量且高度重复的信息供给令普罗大众越来越思绪纷乱、失去方向而担忧。

普通人究竟能一心多用[即多任务处理(multitasking)]到什么程度而又能避免被汽车或其他人撞翻?我们的大脑是从远比现在平静的世界进化而来的,那么我们的文明是否已经达到了,或者说超越了我们这颗大脑的容量了呢?人类多任务和并行加工(parallel processing)的能力是否有极限呢?我们能够对这些极限进行严谨的研究吗?我们可以通过对大脑的训练而超越这些极限吗?

对于这些问题，很少有人能够比克林贝里更有发言权。克林贝里博士在瑞典和美国都学习并从事过非常重要的研究，他不仅了解认知神经科学（cognitive neuroscience）领域中最前沿的基础研究，而且对这些研究结果对人们日常生活和相关疾病患者的潜在意义，极有真知灼见。这一能力使他成为该领域中的佼佼者。克林贝里博士是著名的卡罗林斯卡研究院的认知神经科学教授，在那里，他主持着一项大规模研究，其中应用到了包括功能性磁共振成像（functional magnetic resonance imaging，缩写为 fMRI）、弥散张量成像（diffusion tensor imaging，缩写为 DTI）以及神经网络建模（neural-network modeling）等多项尖端科技，其目的在于揭示执行功能（executive functions）和注意（attention）的机制，以及在发育过程中各种可能导致这些功能异常的原因。他的研究成果还包括一种通过训练工作记忆而修复认知功能的方法，这一方法目前已经在欧洲和美国得到应用了。

谈论大脑时下正流行，过去的几年里有关大脑的流行读物俨然自成一派。《超负荷的大脑》凭借其广度、深入浅出和引人入胜的叙述方式从这些书中脱颖而出。本书最早于2007年以瑞典语出版并大受好评，其英文版也成为一本具有权威水准、涉及话题广泛、写作质量上乘、备受大众关注的科学普及读物。

经过孜孜不倦地精益求精，克林贝里将关于进化的讨论、神经科学的历史、最前沿的科研方法学、信息理论、对神经可塑性的最新见解，以及关于多种神经发育疾病的全面综述，巧妙地结合在一起，以此来更好地解释我们"超负荷的大脑"。其他众多面向普通大众的"大脑读物"均出自专业记者和科学作家之手，所述的也是些关于认知神经科学的二手知识。克林贝里这本书的优势在于，这是一本由一位科研界真正的学术领袖所著的权威性著作。克林贝里并没有手下留情：他通过力求精确和翔实来表达对读者的敬意，而不是像一般的"大众读物"那样，用空洞做作的俗语来冲淡内容。《超负荷的大脑》尤其出色之处还在于它那令专业科学作家也为之赞叹的流畅文笔。内容与形式的绝妙结合，使得本书不仅可以作为普通读者的高端"科普书"，对于专业读者也极有价值，或许甚至能作为学生的辅助教材。

如同大多数人致力研究的领域一样，认知神经科学和临床神经心理学也是个时髦的东西。而很多时候，一个先进的理念一经传播很快就变得模糊、晦涩和夸张，进而失去了清晰的内涵。"工作记忆"是由像巴拜德利（Alan Baddeley）和戈德曼拉-科齐（Patricia Goldman-Rakic）这样的顶尖神经科学家所提出的开创性概念，然而它很快成了个流行语，并且带来了很多意料之外的结果。克林贝里在澄清"工作记忆"这一概念并重塑其科学严谨性方面作出了莫大的贡献，这也是为什么《超负荷的大脑》对普通大众和专业读者都极具价值的众多原因之一。

注意缺陷多动障碍（attention deficit hyperactivity disorder，缩写为ADHD）是另一个例子，一个原本很有深意和价值的概念经过混淆和夸张之后面目全非，失去了科学价值和临床合理性。在本书中，克林贝里也以令人叹服的严谨性清晰地还原了ADHD的概念，为专业和普通的读者提供了非常有价值的服务。

常言道"熟悉则生轻侮之心"，其实熟悉还能滋生"不知为知之"的错觉。智商（intelligence quotient，缩写为IQ）这个词融入主流文化已有相当长的时间，我们时常可以听到有人轻松而自信地引用这个词汇。然而事实上，只有很少一部分人能在被问及时对智商给出一个准确的定义。克林贝里在此运用严谨的神经科学和社会科学的语言，对它进行了精彩的阐释。

《超负荷的大脑》充满洞见和信息,一篇简单的序言实在难以尽述。这真的是一本不同凡响的书,必然会受到普通读者和专业读者的一致喜爱。

戈德堡(Elkhonon Goldberg)

于纽约

2008年5月

第一章

引言：石器时代的大脑遭遇信息洪流

你刚刚走进房间，很可能是来拿什么东西。可是你不太确定，因为你怔怔地盯着墙壁，努力地想要回忆起本打算来做什么。那个之前还盘旋在你脑袋里的行动计划已经消失不见了。也许因为你被手机分了心？也许因为你同时在做两三件事情？无论什么原因，其结果就是，你脑子里剩下一堆冗余的信息，而人站在那儿精神涣散地看着墙。

我们的大脑处理信息的能力是有限的。本书的目的就在于尝试理解为什么是这样，这对我们的日常生活有什么影响，以及我们如何通过脑力锻炼而拓展极限。

当信息技术（information technology, IT）和通信以日新月异的速度发展并为我们提供信息之时，我们大脑的极限也越来越明显。限制我们的已经不再是技术，而是我们自身的生物学特性。这种趋势在日益复杂的办公室里尤其显著。让我们以琳达（Linda）为例。琳达是一个虚构的人物，但她的原型确有其人，并且是我的一位好友，她的工作环境无疑与我们大多数人非常相似。

琳达是一家IT公司的项目经理，当她8:30准时在开放式办公室的座位上坐下那一刻起，周一的早晨就这么开始了。手边放上一杯咖啡,她开始浏览那一大堆周末攒下来的电子邮件。她要决定哪些该删掉,哪些该阅读但不急着处理,哪些应该立即回复,哪些应该被加入她的待办事项中,然后更新并重新设定优先级,并合并到她的黑莓手机上。到了10点整,她还没有看完邮件,不过她决定先来处理她的待办事项中的第一项:写一份报告并审阅她4名下属的进度报告。才写了3分钟,她就被一位有一笔电脑采购需要批准的同事打断了。他们登录到电脑公司的网站上想要快速浏览一下有些什么选择,可是一通关于上周五的某一封邮件的电话又打断了他们。电话一聊起来就没完没了,她的那位同事回到了自己的座位。琳达试图跳过她手机上的新来电和短信,手忙脚乱地寻找电话里说的那封邮件。她在听电话的同时找到了邮件的界面,趁机删除了几封垃圾邮件。

这就是现代办公室。一份美国的工作环境调研发现,办公人员大约每3分钟就会被打断或干扰一次,那些使用电脑的人将同时平均打开8个窗口。精神病学家哈洛韦尔(Edward Hallowell)在他的文章《过载回路——为什么聪明人表现不佳》(Overloaded Circuits: Why Smart People Underperform)中创造了"注意缺陷征"(attention deficit trait)这个术语,可用来描述琳达和其他许多人所处的那种状态。这不是医生用得上的新诊断,只是对由信息技术、快节奏生活以及工作模式改变所引起的精神状态的一种描述,有些人可能称之为一种生活方式。但是之所以选择用"注意缺陷征"这一术语,是因为它与"注意障碍"(attention deficit disorder,缩写为ADD)这个术语相似,后者是注意缺陷多动障碍(attention deficit hyperactivity disorder,缩写为ADHD)的一种没有多动表现的变型(ADHD将在稍后详述)。ADD的诊断包含一系列症状,例如"难以维持注意力""难以组织任务和活动""容易被外来刺激分散注意力"以及"日常活动中的健忘表现",且这些症状往往会严重到令人无法正常工作或需要药物治疗的地步。哈洛韦尔的术语的意义在于,它形象地描绘出现代工作环境是如何因为其对节奏和同步性的要求过高,而常常令我们产生无法集中注意力以及不能胜任工作的感觉。我们的大脑正在经历洪流的冲击。但是,信息社会真的会损害人们的注意力吗?注意力到底是什么呢?我们复杂的工作环境究竟对我们的心智有怎样的要求呢?

对我们的工作生活提出苛刻要求的因素之一就是无休止的干扰:种种感官刺激像蚊子一样嗡嗡地盘旋在我们周围,令我们无法专注于正在做的事情。信息的湍流不仅意味着我们要接受更多的信息,还意味着我们必须屏蔽更多的信息。从传统办公室向开放式办公室转变的过程就是一个干扰升级的实例,这种布局设计可能改善了员工之间的交流并且更具有激励性,但也带来了如电话铃声、交谈以及短信提示音等感官刺激,而我们不得不尽量去忽略这些干扰。另一个要求越来越高的例子,就是我们越来越多地在互联网上而不是在书本和报纸上寻找我们需要的信息。原本我们完全可以阅读报纸上的某篇文章而不会被边上的广告干扰,然而,互联网上的文章四周布满了动态的小广告,阅读文章就变得比较有挑战性了。我们大脑里究竟有什么可以决定我们能够聚精会神、忽略干扰呢?

对于那些想要用更少时间做更多事情的人而言,多任务是最快捷方便的解决方案。然而,同时执行(或者试图执行)多个任务却是我们最具有挑战性的日常活动之一。一边在跑步机上跑步一边看电视应该没什么难度,一边嚼口香糖一边走直线也是一样,但是一边打手机一边开车就不像我们想象的那么简单了。姑且不考虑一只手既要把握方向盘又要换档,也不考虑眼睛既要注意路况又要查看手机屏幕，打电话这个有精神要求的任务本身就会影响我们的驾驶水平。有研究指出，当驾驶者正在进行有精神要求的任务时，他们的反应速度会慢1.5秒。为什么我们不能把有些事情和其他事情结合起来做？为什么大脑有时候不能同时处理两件事？

科技进展似乎在鼓励或者事实上将协同执行能力视为一种必需，因此在当下这个问题变得尤其有吸引力。有赖于无线技术的革命，我们几乎已经能将科技置于任何需要的地方。我们能一边打电话一边走路、开车或看电视，我们在汽车里装上了小显示屏来显示实时更新的地图并给我们指路，在开会的时候我们能用黑莓手机给别人发短信或阅读电子邮件。当一天结束，我们坐在家里的电视机前时，画面下方的滚动字幕能给我们带来很多额外的资讯，有些电视机还能让我们通过画中画功能来收看其他频道的节目。我们还能一边坐在沙发上看电视，一边抱着笔记本电脑无线上网。

我们与信息的关系充满矛盾。显然，我们都希望能检索到更多、更快、更全面的信息，似乎这给我们带来了乐趣。但是，当坐在沙发上试图一边看屏幕底部的滚动文字一边听头条新闻时，我们中的大多数人会有种力不从心的感觉，好像大脑已经塞满了信息。它已经超负荷了。

心理学和脑科学研究中的新发现表明，我们在协同执行能力和排除干扰方面的困难都受限于同一个核心问题：保存信息的能力。当你试图同时做两件事情时，你必须在大脑中的两套不同的指令之间进行快速切换，这相比只有一套指令的情况要多出一倍的信息量。一旦注意力分散，结果往往就是你丢失了最初的信息，然后站在房间里不知道自己来这儿干什么。

我们有限的保存信息的能力可以通过两个信息量增加的例子来

体现。如果你问路得到的回答是"向前到第二个路口左转然后再走一个路口",你很可能不会记错。然而,如果回答是"向前到第二个路口左转,然后到下个路口右转,然后走到第三个路口左转,到下个路口右转,然后走到第三个路口,你就到了",那么,你迷路的可能性就开始增加了,因为信息实在太多了。同样,4位数的PIN码记起来非常容易,可是要把12位数的OCR码记住几乎就不可能了。

神奇数字7

"我的问题,女士们先生们,就是我一直被一个整数所困扰。"乔治·米勒(George Miller)以这样一句话作为他1956年发表的文章的开场白,这篇文章就是《神奇数字7,加减2——我们处理信息能力的局限》(The Magical Number Seven, Plus or Minus Two: Some Limits on Our Capacity for Processing Information)。文章中提出了这样一种假说:人类接受信息的能力是有限的,就局限在7项左右。换句话说,我们大脑的带宽存在先天的制约。这篇文章成为20世纪心理学领域最有影响力的文章之一。

20世纪50年代中期,米勒撰写他的文章之时,心理学领域对"信息"这个术语的关注达到了一个高潮。第二次世界大战期间,科学家开始研发计算机以破译敌军的密码。数学家和物理学家提出了各种方法来量化信息的概念、检测一根铜导线上传递电话信息的极限。米勒的想法是,心理学家完全可以像物理学家研究铜导线那样研究人类的大脑。大脑就是一个速度可测量的"通信渠道",与一定时间内只能允许一定量信息通过的网络连接没什么不同。

米勒文章的要点在于,我们大脑的能力是有限的。他指出,数字

7具有不可思议的出现频率并且能够激发想象力。正如他在文章末尾所写："世界七大奇迹、七大洋、七宗罪、北斗七星、人生的七个阶段、七重地狱、七种主色调、七声音阶以及七天为一星期!"

米勒的理念可以用图1.1来表示,其中横轴代表接受的信息量,纵轴表示能够正确重复的信息量。举例来说,现在要对你进行一个测试,你要重复出测试者对你念出的一串数字。纵轴代表了你可以正确地重复出来的数字的个数。如果你听到两个数字,你一定能轻松记住并把它们敲入键盘。此时你处在图中的直线部分,信息的输入量和输出量保持一致。但是如果要你重复出12个数字,或者20个,你可能只能正确地输入其中的7个。此时你在图中所处的位置,正是"能力阈值"虚线下方的曲线部分。你的"铜线"容不下更多的信息了。

米勒的文章发表半个世纪以后,我们发现自己正身处一个信息的文艺复兴的时代中。在20世纪50年代早期还处在摇篮期的计算机,如今已经渗透到社会、文化和生活的每一个角隅和缝隙之中。信息技术给我们带来了单位时间内如此之多的信息量,以至于我们脑

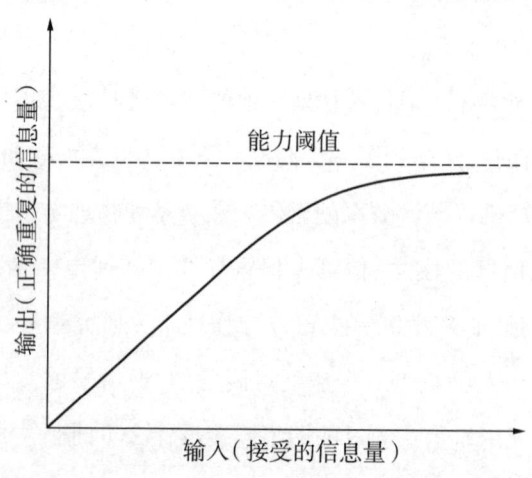

图1.1　人类大脑局限性示意图(米勒,1956)

力的极限,也就是米勒所谓的"通道容量"(channel capacity),成了我们日常生活中非常现实的问题。

石器时代的大脑

如果我们处理信息的能力有个先天的局限,即米勒所谓的内在脑力带宽,那么它很可能已经存在了几十万年了。从解剖学上定义的现代智人(Homo sapiens)是大约20万年前自非洲演化出现的。遗传学家证明,现存的每一个人类个体的线粒体DNA都来自生活于距今15万—20万年前的一位女性,即所谓的"夏娃"。此后,智人的足迹遍布世界各地,其中也包括了欧洲南部,在那里,他们逐渐取代了与他们同一时期的尼安德特人(Neanderthals)。此地的早期人类遗留下了瑰丽的洞穴壁画,比如法国南部克罗马农洞窟(Cro-Magnon)中的壁画,留下这些杰作的这批智人也因此地而得名。

克罗马农人的脑容量和头颅解剖结构与今天的我们相同,如果给他们穿上现代的衣服带他们上街,估计没有多少人会抬眼注意他们。

克罗马农人过着悠闲的狩猎和采集生活,很可能以几个家庭为一个单位群居,一个群体大约50个人。有些情况下他们也会聚起部落,即大约150人的大型群体。他们的大多数时间可能用来收集和准备食物、处理毛皮、制作工具以及偶尔外出打猎。克罗马农人时期的技术只能提供些勉强称手的工具,例如箭头、针和骨叉。

今天我们所具有的大脑与生活于4万多年前的克罗马农人的几乎完全一样。如果我们在处理信息的能力上有什么与生俱来的局限,那么在他们那个最尖端科技是倒刺鱼叉的时代这一局限应该就已经存在了。现在同样一个大脑要应付数码时代施加的信息湍流，而一个克罗马农人一年里遇见的人数大概也就相当于你我一天之内遇到的。我们需要接纳的信息的量及其复杂性与日俱增，但如果我们的大脑中确实有像节流阀那样的先天限制，那它究竟是怎样的一种形式呢？我们大脑信息处理能力的瓶颈又在哪里呢？

大脑可塑性

近期关于大脑可塑性的研究，使关于克罗马农人大脑以及米勒的脑力带宽的讨论变得更加复杂和丰富。在你读完本书后，你将不再是过去的自己。这倒不是因为本书对你的生活方式有什么革命性的影响，而是因为各种形式的经验和学习过程会改变你的大脑。常言说得好，你绝不会两次踏入同一条河流。

大脑若不是在储存记忆，它是不会发生变化的。不同的脑的功能分布在大脑不同的部位，因此便有了我们所谓的脑功能图谱。科学家发现，这张图谱并不是一成不变的，事实上它处在一个不断重新绘制的过程中。我们对于脑部变化的绝大多数知识，来自对那些中断大脑信息输入后所发生的状况的研究。例如，当一个人失去了一段肢体，原本对应那段肢体的感觉皮层接收不到相应的神经信号，周围的脑区就会开始填补这块区域。如果你失去了一根食指，那片曾经接收它发出的信号的脑区就会萎缩，而邻近的脑区，也就是接收中指信号的区域，就会扩大。脑功能图谱被重新绘制了。

有一种更严重的信息缺失是失去视觉信息。对正在阅读盲文的盲人进行脑部活动监测，结果显示，尽管没有真正的视觉刺激，他们的脑部与视觉相关的脑区还是被激活了。看来，这些人似乎是在用他们的视觉皮层处理其他感觉的信息。这个案例中我们观察到的可塑性,与我们之前探讨的那种大脑不再接受断指信息的情况可能一样:周边的脑区拓展并接管了不再被使用的区域。同样的结果也出现在对先天性耳聋者的研究中,科学家发现这类人的听觉脑区在阅读手语时也在活动。

脑部的变化不仅出现在我们失去信息的时候,也出现在我们过度活动的情况下,例如,我们日复一日年复一年地练习某种技艺,如学习某种乐器。科学家测量一位弦乐演奏家的大脑中接受来自他左手信息的脑区面积时发现,演奏家感觉传入所激活的脑区面积比不会演奏的人大。他们还发现,钢琴家在听到钢琴音时被激活的脑区面积大概比非音乐家的要大25%,并且传导运动性神经冲动的通路也有所不同。

抛接球杂耍应该不是很多人日常都会玩的东西,但只要开始练习,我们在短短几周内就会有显著的进步。从某种意义上来说,当学习某项特定活动时,大脑中所发生的变化对一般活动的学习也是有帮助的。一项研究对比了一组实验对象在为期3个月的抛接球杂耍训练课程前后的脑部结构,结果发现,枕叶(occipital lobe)中专门负责感知运动的一块脑区的面积在这段时间之后增加了,但是在停止训练后不过3个月,它又收缩了,原来通过训练而多出来的那部分面积大约减少了一半。换句话说,短短3个月的活动,或是不活动,对脑部结构都是有直接影响的。

令人依然困惑的问题是,信息社会所固有的高脑力要求是如何影响我们的大脑的。它们是不是也像其他类型的练习和学习一样,对我们的大脑有一种"锻炼"的作用呢?

20世纪的智商增长

20世纪80年代，新西兰社会学家弗林（James Flynn）在进行智商（intelligence quotient，缩写为IQ）测试分数的常规检查时，无意中发现了一个将在未来几十年内轰动心理学界的现象：似乎人们的IQ一直在增长。这一现象在今天被称为弗林效应（Flynn effect）。

根据定义，人群的IQ平均分为100分。当一个新版本的IQ测验要在一个大组群中，例如在18周岁的人群中进行测试时，它必须经过校正并使平均分等于100。在这样的测试中，测试对象往往也被要求进行旧版的IQ测验，用来评估两个测验是否一致。而弗林的发现就是，每次在某一组群中进行测试时，他们的旧版IQ测验都做得更好。当对一组18岁的测试对象进行一份20年前的IQ测验时，他们并不是像20年前的同龄人一样得到100分，而是总会略微高一点。弗林回顾了超过70个研究，包括1932—1978年间超过7500名测试者的数据，结果发现每隔10年平均IQ增长3分，也就是大约3%。

这些发现中最具有轰动效应的正是这一增长的幅度。在60年——差不多两代人——的时间里，IQ分值增长了大约一个标准差（standard deviation）。这意味着，如果将一个在1990年的测试中得到平均分的18周岁测试对象送回到60年前，他成绩的排名将在前1/6中。假设是在一个有30人的班级里，那他就是从中游突然跃居到了前五名。

显然，IQ的这一提升可以归因于教育的进步。如果真的是这样，那么我们可以预期，进步最大的应该是在词汇量和常识方面，而在解决问题能力方面应该进展较少，因为后者通常被认为与文化无关并

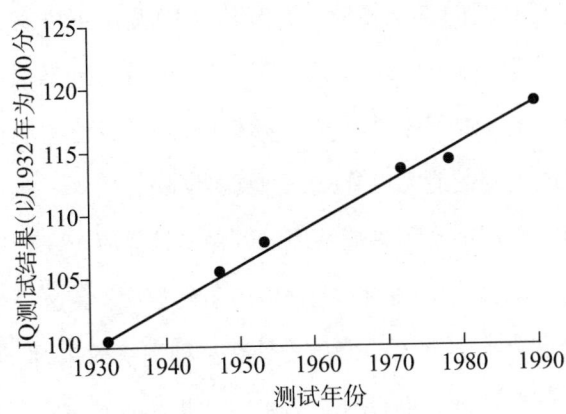

图1.2 20世纪IQ的变化(弗林,1987)

且教育水平对它没什么影响。不过,在仔细地推敲美国IQ测试分值变化的细节时,弗林发现事实恰好相反:解决问题能力的进步更加显著,而词汇量方面的变化几乎很难看到。

为了验证这一结果,弗林对雷文矩阵(Raven's matrices,专门设计用来反映与所获得的知识无关的智力,详见第34页)中解决问题能力的测试结果进行跨国考察。在分析过以色列、挪威、比利时、荷兰和英国在1952—1982年几乎所有参军时经过IQ测试的人的数据后,弗林发现,与之前在美国IQ测试分析中观察到的一样,各国IQ增长率几乎完全一致。解决问题能力的得分的增长更加显著,几乎是词汇量和解决问题能力两者的综合测试的两倍。

一方面,IQ分值的增加得到了来自多种不同研究海量数据的证实,可以说确凿无误。另一方面,没人可以确定地指出是什么造成了这个效应。弗林本人最初认为这些数据不能代表"真正的"智力进步,所谓18周岁研究对象放在60年前会是一个优秀学生的说法并不合乎情理。实际上在开始时,他是用测试成绩不断提升这个现象来否定IQ测试。很不幸,他的否定没有什么根据,人们变得越来越聪明似乎并不与我们的直觉相悖。弗林认为IQ测试不可靠的论断也没能赢得心理学同行的太多支持。现在,大多数心理学家——包括似乎已经改旗易帜的弗林本人——都相信,测试分值的增长是对人们"真正的"解决问题能力提升的一种真实反映。

目前尚未发现某个因素能够用以解释弗林效应。一种比较容易令人信服的可能性是,我们心智环境中的某些因素在这一变化中起了主要作用。会不会更大的信息量具有某种训练效果,而不断增长的心智要求也在帮助人们提升智力呢?如果是这样,那具体是哪种心智要求在帮助我们进步呢?什么样的功能可以被训练,又需要什么先决条件呢?

未来

我们对于人类大脑的了解在过去的几十年中有了指数级的提高,现在,研究者首次可以将信息处理的局限与脑功能关联起来。脑科学研究对于回答米勒诸如"为什么北斗有七星"或"为什么世界奇迹有七大"之类的文学化问题无能为力,但是在搜寻大脑局限性瓶颈的过程中,科学家已经开始围捕几个主要的"嫌犯"了,本书就是要介绍一下他们是如何锁定它们的。

如果我们能对心智的局限性了解更多,并且知道它们在大脑中的位置,我们或许就能够知道如何通过训练或通过其他方法来改善这些功能。关于这些新的可能性以及随之而来的伦理困境,包括诺贝尔奖得主坎德尔(Eric Kandel)在内的数位著名的神经科学家于2004年发表了一篇综述。文章开篇写道:"人类改变自身脑功能的能力,可能会像铁器时代冶金术的发展那样,彻底改变历史的面貌。"这篇综述的标题是《神经认知的强化——我们能做什么及应该做什么?》(Neurocognitive Enhancement: What Can We Do and What Should We Do?),这个问题其实与我们每个人都息息相关。

我将会简单介绍一下最新的脑科学研究取得的关于注意力、信息处理以及脑力训练方面的进展。本书的目的并不是想要成为一本涉及所有相关记忆及注意力研究的教科书,即使我有能力涉猎如此广泛的领域(其实我有心无力),也没几个读者有时间啃完这样的一部鸿篇巨著——信息量太大,而时间总是不够。事实上,我想要做到的,是把一系列相关的研究串联起来,构成一个故事。我会用所有我们需要的信息来把这套拼图拼起来,即使不能一窥全豹,至少也能详见一斑。这个故事也会包含一部分我自己在脑功能方面的研究,主要是关于同步执行(simultaneous performance)的局限以及如何能够积极开发心智功能。

社会的快节奏对我们的心智健康有着怎样的影响,这是大众普遍关心的问题。书本杂志上到处都是关于如何减压、如何降低对自身的要求以及如何轻松面对生活的建议:慢节奏的城市、慢节奏的饮食、花时间反思,诸如此类。然而本书传递的是一个恰恰相反也更加乐观的信息,它建议我们必须正视自己对信息、刺激和心智挑战的渴望。本书将试图阐述如何确定我们的极限,以及找到一个认知要求和自身能力之间最优的平衡点,令我们不仅能得到深深的满足感,也能将我们大脑的能力最大化地开发出来。

但是在涉及这个问题之前,让我们先认真端详一下就在我们周围的那些对我们心智的要求。什么是注意力?我们如何把信息保留在大脑里?我们能不能控制这种能力?

第二章

信息门户

让我们回头看看琳达。她在那儿，坐在她开放式办公室的桌前，被众多互相交谈的同事以及不断响起的电话铃声包围着。她的桌上堆满报告、文章以及小册子。她的电脑桌面上打开着一个显示着各种各样硬盘的网页，而她则要在其中选择一种采购。页面右边有一个动画广告，正在推销去西印度群岛的便宜旅程。桌面底部有个小图标在提醒她收件箱里尚有未阅读过的邮件，而她的手机则用欢快的"噗呤"声向她宣布她刚刚收到了一条短信。她该作出怎样的选择？她的眼睛究竟该看向哪里？她视野中的什么元素应该被收集、处理、领会并进行思考？她的注意力该放在什么上面？

注意力就是一扇门户，信息的洪流通过它传递到大脑。把你的注意力投向哪里其实就相当于是在筛选信息，因为在这个过程中，你从所有呈现给你的信息中把优先级设给了其中的一小部分。注意力常常被比喻成一道光束或一盏聚光灯的光，就像你可以用手电筒指向黑暗房间里的某一件物体一样，你也能将注意力指向你周遭环境的一部分并从纷繁复杂的事物中选出少量的信息。

如果要解决克罗马农人的大脑遭遇信息时代洪流时发生了什么，我们就必须从"注意力"这里开始。

不同种类的注意力

琳达最终决定暂时忽略她的电子邮件,并且开始从桌上的一堆报告中选出一篇来看。来之不易的宁静在此停留了片刻,而她也毫不费力地看完了很多页。不过她很快意识到过去几分钟里她所看的字一个也没有理解,因为她脑子里还在想着昨天晚餐时的事情。

她发现自己有点神游天外,于是迫使自己重新专注于手头的文本。然而,才过了一分钟,她就因为身后有人不小心打碎了咖啡杯而走了神。当然,不只是琳达,整个办公室的人的注意力都被吸引了过来。上午的工作时间进入了后半程,办公室里各种情况越来越多,琳达决定把报告留到稍后进行处理。

到了那天下午稍晚一点的时候,办公室开始空下来了,琳达继续读起了她的报告。这次,在一点咖啡因的帮助下,她实实在在地专心读了45分钟。直到连篇累牍的废话和轻微的睡眠不足合谋,给她带来了挥之不去的疲倦感,她才把那一沓报告放回桌子上。

很明显,琳达这天经历的阅读报告的困难与注意力有关。那么我们的"注意力"究竟是什么呢?研究脑功能和注意力的科学家发现了不同类型的注意力。以琳达今天的工作为例,至少存在3种注意力。第一种类型是受控注意(controlled attention),当她有意识地强迫自己专注于月度报告时调用的就是这种注意力。一旦她开始回想昨天的晚餐,她就失去了对这种注意力的控制。第二种类型是刺激驱动注意(stimulus-driven attention),即那种不由自主地被周遭环境中的突发事件吸引的注意力,例如在咖啡杯掉落的那一刻。第三种类型被称为唤醒(arousal),这种注意力在那天稍晚疲劳降临的时候就变得难以集中。

　　本书将主要介绍与选择性有关的前两种注意力。然而在这之前,让我们先稍加详细地了解一下唤醒。与其他两种注意力稍微不同的地方在于,唤醒并不选择房间里某个特定的位置或某个特定的物体,用我们的话来说,它是非选择性的。唤醒的水平每分每秒都会有所不同。用来说明唤醒模式的典型例子是执行雷达监控任务的士兵在雷达屏幕上搜寻可能代表敌方飞机的信号点。在这种刺激非常少的任务中,唤醒会慢慢减退,这个现象可以由反应时间减慢及总体表现变差来反映。

　　唤醒的水平可以因某些迫在眉睫的事件而暂时性得到提升。某些物质,比如咖啡因,也能短时间地强化唤醒——在夜里喝上两杯咖啡能够优化雷达操作员的表现。然而,喝下10杯咖啡的战士可能在执勤效率上变得更差,因为他们很可能会把每个出现在雷达屏幕上的新信号都作为敌机进行拦截。这就是所谓的过犹不及。唤醒与表现之间的关系服从一条倒U形曲线:我们在达到中等唤醒程度的时候表现最佳,即处于太少和过度这两个极端之间的最优点(图2.1)。从某些角度来说,焦虑可以对大脑产生与咖啡一样的效应。因此适度的焦虑是有益处的,但是过度焦虑会妨碍你的表现。

心不在焉

　　如果我们不把注意力集中在什么东西上面,我们就不会记住它。心不在焉是造成健忘的最常见的原因,或者,用研究记忆的学者以及作家沙克特(Daniel Schacter)的话来说,是记忆的"七宗罪"之

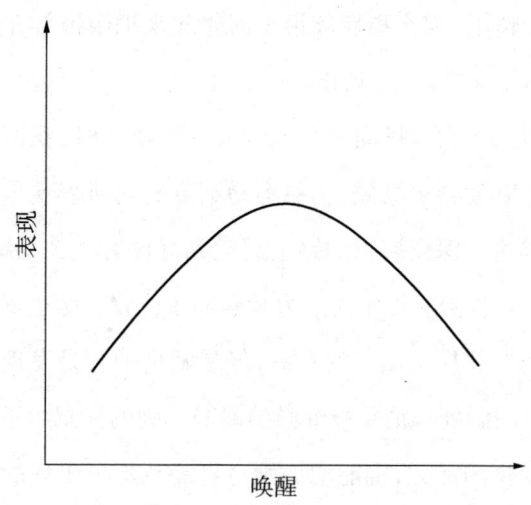

图2.1　唤醒与表现之间的关系

一。有一个关于失踪的斯特拉迪瓦里名琴*(Stradivarius)的故事可作为对此的一个戏剧化的注解。一支弦乐四重奏乐团刚在洛杉矶开完一场音乐会,其中一位小提琴演奏家使用的是一把特别珍贵的小提琴,可谓无价之宝的17世纪斯特拉迪瓦里小提琴。演奏会后,乐团随即准备驱车返回酒店。高强度的演奏无疑令这位小提琴家备感疲劳,也有可能是他当时脑子里正在回味自己完美的演出,想象着次日见报的如潮好评,他居然在上车时粗心地把小提琴放在了车顶上。车开走了,当他们到达酒店时他才意识到小提琴丢了。这件离奇失踪的名琴就这么销声匿迹了27年,直到有人将它送修时才被鉴定出来。由此可见,尽管有些时候光有注意力还不够,但是注意力对我们向记忆中储存信息的确是至关重要的。如果你在脱下眼镜时注意力

---

* 意大利制琴师斯特拉迪瓦里人称"名琴之父",由他制作的弦乐器统称斯特拉迪瓦里琴或斯氏琴,目前传世的作品件件价值连城。——译者

正在别的事情上,那么稍后就很难回想起来把眼镜放在哪儿了。这项信息根本就未进入大脑的门户。

当我们把注意力投向一个地方或一件物体时,我们在解读它所负载的信息时就会更高效,也更容易察觉到它所表现出来的细微变化。如果琳达在深夜回家的路上感觉到好像有什么人藏在门口,她一定会停住脚步然后集中注意力观察那个位置。她也不至于会忽略另一个出现在邻居家门口的身影,但是她更加容易发现在那个她所关注的门口阴影处哪怕是极细微的动静。她的注意力不仅会提高她感知细微变化的能力,也能增加她对可能从那里出现的威胁的反应速度。

在毫秒尺度上衡量注意力

我们对于注意力是什么都有着自己的主观感觉,然而,追求精确的科学家则会去测量注意力,就像测量他们其他的研究对象。事实上,注意力确实是可以被量化的。

俄勒冈大学的心理学家波斯纳(Michael I. Posner)设计了一系列简单而巧妙的实验,实验可以在计算机上进行,并且每个实验针对不同类型的注意力。其中有一个实验是,受试者被要求在看到电脑屏幕上的方形目标时立即按下按钮。因为图形是突然出现的,所以完成任务主要需要刺激驱动注意。在另一个实验中,会出现一个三角形来提示受试者接下来将要出现方形目标,这会提高受试者的唤醒。而在第三个实验中,在方形目标出现之前几秒钟,会有一个箭头出现在屏幕上,不仅告诉受试者目标将要出现还指出了出现的位置,于是受试者可以通过受控注意,将注意焦点投向屏幕的特定位置等着目标出现。

通过测量这些实验中的反应时间,科学家可以对不同的注意力进行量化。有趣的是,他们发现这些不同的注意力似乎是相互独立的。这种各自为政的系统意味着,我们可以在某种注意力上出现问题而其他注意力不会受到影响。

这个现象在澳大利亚的一项研究中被发现。在这项研究中,确诊患有ADHD的儿童和不患有ADHD的儿童被要求在索尼游戏机上玩两个不同的游戏。第一个是《近距离射击》(Point Blank),游戏中需要瞄准并射击各种各样的目标。孩子们需要尽可能快地作出反应并扣下扳机,他们的成功率极大程度上取决于他们的刺激驱动注意力。第二个游戏是《古惑狼》(Crash Bandicoot),这是一种闯关游戏,玩家需要控制勇敢的小古惑狼(其实是一种袋鼬)沿着一条预定的线路穿越丛林,一路上完成任务、避开陷阱并到达某个目的地。这两个游戏的不同之处在于,在第一个游戏中,玩家只是简单地被屏幕上一些需要他们作出反应的移动物体吸引注意即可,而在第二个游戏中还需要有一定程度对注意力的控制。该研究发现,两组儿童在玩《近距离射击》中的表现并没有差异,然而在玩《古惑狼》时,患有ADHD的儿童的表现明显比对照组儿童差,他们的得分较低,活泼的小古惑狼较频繁地死于非命。

所以看起来,刺激驱动注意与受控注意应该是分离的。更进一步说,这可能意味着它们是由不同的脑区,或者不同的脑功能控制的。那么,注意力背后的生物学机制是什么呢?我们的脑细胞是如何编码一道注意力光束的呢?

大脑中的聚光灯

设想你正身处在一间巨大的很像是医学检查室的白色房间。墙边放着很多盒子，里面装满了一次性手套、医用胶带和止血敷布，另外还有一套大小各异的白色和蓝色的塑料球，以及看起来像是配备了保护栅格的头盔似的东西。所有沿墙堆放的东西都有一个共同点：它们都没有磁性。因为在房间的中间有一个边长大约2米的装有电磁铁的白色立方体，它产生的磁场足以把附近的氧气瓶吸过去。为了能产生如此强大的磁场，设备中的超导线圈必须用液氦冷却到-269℃。在这个立方体的中间有个圆柱形空洞，可以水平地放进一张长凳，把躺在上面的人送入磁场中心，可以对脑部活动进行扫描。

这个立方体设备就是磁共振（magnetic resonance，缩写为MR）扫描仪，它是目前我们想要观察大脑内部以研究注意力如何工作时可以使用的最复杂的仪器之一。一旦受试者被安置在扫描仪中，就可以要求他进行某些特定的脑力任务，比如在扫描仪捕捉他脑部图像的时候，要求他把注意力从画面的这一部分切换到那一部分。这样的活动进行大约半个小时后，就有足够的数据来确定究竟大脑的哪个部位被激活了。

归根结底，这项技术所分析的是脑部的血流情况。当某个特定部位的神经细胞，即神经元（neuron）被激活时，这个部位的含氧血液的供应就会增加。20世纪90年代，科学家发现，血红蛋白（一种血液成分）是否结合有氧分子会影响周围的磁场，所以磁共振扫描仪能够用来获取大脑活动的图像。磁共振扫描仪还可以用来生成详细的脑部解剖学图像，并据此来定位肿瘤或其他脑部异常。然而，当磁共振扫描仪被用来敏感地捕捉含氧血红蛋白的变化时，科学家们感兴趣的其实是大脑的功能。因此，这一项技术也被称为功能性磁共振成像（functional magnetic resonance imaging，缩写为fMRI）。

在一项由威斯康星医学院的布瑞夫琴斯基（Julie Brefczynski）和德约（Edgar DeYoe）所进行的研究中，fMRI被用来测量注意力的效果。受试者躺在磁共振扫描仪中看着屏幕，上面显示着像飞镖靶一样的分成不同颜色的圆环，他们必须把视觉焦点放在圆心，但是注意力要在不同的色区间切换，因此这是一个对受控注意的测试。为了确保脑部活动不受眼球运动的影响，科学家利用了眼睛注视点和注意力集中点可以分离的现象。你自己也可以尝试一下，眼睛看着钟面的中心，而注意力顺着数字转一圈。

为了理解这个实验的结果，我们还需要多知道一点关于大脑如何处理感觉刺激的背景知识。当我们使用磁共振扫描仪来研究脑功能时，科学家常常是对皮层的活动感兴趣。皮层就是包裹着大脑其余部分的一层薄薄的灰质。由于皮层上随处可见的褶皱和沟壑，因此相对于有限的颅腔体积，皮层的面积可以说非常之大。皮层上最早被视觉刺激激活的区域叫做枕叶，它也常常被称为初级视皮层（primary visual cortex），视觉信号从这里再被投射到更加专门的视觉脑区。一个人所处环境的每一个部分，例如飞镖靶上的不同色区，都被不同的视觉皮层区解码，这样就给每个人绘出了一张关于外部世界的内部映射图。

当受试者保持眼睛不动同时注意力在各个色区间游移时，科学家就能检测到与之对应的初级视皮层区域的活动。事实上，研究结果非常清晰，以至于他们完全有可能通过观察受试者哪个脑区正在活动,从而判断出他们的注意力投向何处。这个研究说明我们将注意力比作聚光灯的光束是非常恰当的,甚至从注意力的生物学机制上说也很契合。如果视皮层是一张环境的地图,那么注意力就好比一道照亮地图上特定区域的光束。如果某块区域被照亮了,就说明那里的神经元有着更高的活动度,它们也更容易接受信息。

我们的其他感官也有类似的地图。比如说,大脑的躯体感觉皮层(somatosensory cortex)就包含着一张解剖学的图谱。在一个关于大脑活动及注意力的最早期的研究中,神经生理学家罗兰(Per Roland)要求受试者闭上眼睛,一边让他们数他们的食指被软毛戳了多少次,一边记录他们的脑部活动。然而,给受试者的指示都是骗人的,所谓的软毛戳食指这件事根本没有发生。不过,受试者出于对感官刺激的预期而将注意力集中在食指上这一简单事实,激活了他们大脑中相应感觉区域的活动。

神经元之间的竞争

有一项研究非常精巧地展示了我们的注意力是如何通过选择来工作的,甚至给出了一个细胞层面的解释。在这个研究中,研究者记录了猴子在看到绿色圆形图案单独出现或伴随着一个红色圆形图案一起出现时大脑视皮层的活动,他们发现,绿色圆形图案单独出现时发生活动的那块视皮层的活动度在红绿圆形图案一起出现时下降了。尽管这有可能是由于视皮层上两块相邻区域的神经元互相抑制所产生的效应,但是有趣的是,当猴子忽略红色圆而专注于绿色圆时,那块区域的活动度又与绿色圆单独出现时一样高了。

这个实验揭示了注意力最基本的机制之一:以牺牲其他神经元

活性为代价,选择性地激活某一些神经元。这个现象叫做偏向竞争(biased competition)。当只有一个物体时,如在这个实验中只出现绿色圆时,并没有对注意力的需求。是我们大脑所接受的竞争性的信息在驱使我们作出选择。

现在我们能把这个知识应用到办公室的环境中吗?如果琳达的办公室更像个修道院里的小房间——朴实无华而且桌上只有一本书(《圣经》?)——那么就不存在对她注意力的需求,也不需要她作出什么选择。然而,一旦她的面前放着的是两份文件,那她就不得不作出选择并集中注意力。且随着信息量的增加,对她的注意力的要求会越来越高。

一个非常有趣但仍然不是很清楚的关于注意力的问题是,我们的思绪、想法、记忆和冲动如何互相竞争,或者与环境中的其他刺激竞争,以夺取我们的注意力。如果我们脑袋中只想一件事,那控制注意力一定没什么问题。但当我们加入冲动、记忆和其他想法时,压力就开始增加了。有趣的想法和诱人的冲动吸引注意力的方式,应该与外界事件自动抓住我们的注意力的方式是一样的,比如有人在我们身后打碎咖啡杯或是鸟儿突然飞进家里。

两条并行的注意力系统

如果视觉皮层的活动性增强,即地图被照亮,是最终的效果,那么注意力的诱因或源头又是什么?聚光灯在哪儿?如果能够在一道调动注意力投向某个特定事物的指令被接收的那一刻测量脑部活动,那么就应该能定位对此进行控制的大脑皮层。

通过运用各种版本的波斯纳受控注意测试,好几个研究小组已经完成了上述这种实验。结果一致发现,有两个脑区——顶叶(parietal lobe)和额叶(frontal lobe)——的上部,在我们调动注意力的时候是活动的。这可能就是我们大脑"光束"的"光源"。暂且不论参与其中的其他脑部结构,这两个皮层中的神经元很有可能联系着视觉皮层中的神经元,并且精确地激活了这块地图上相应的点。

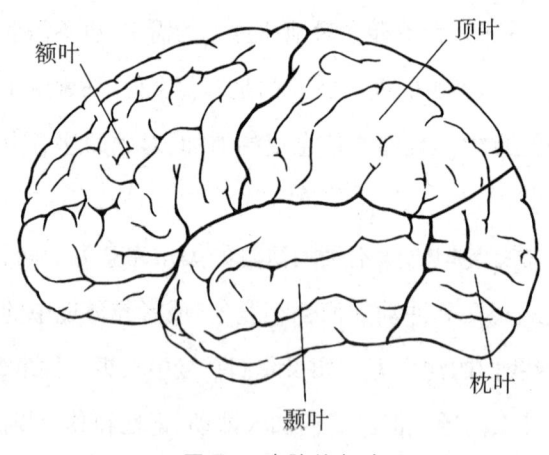

图2.2　大脑的各叶

科学家还找出了在刺激驱动注意中(例如在没有预警的情况下在电脑屏幕上突然出现一个目标)激活的脑区,这一脑区处在顶叶与颞叶(temporal lobe)的交界处、额叶稍靠下一点的位置。图2.3引自华盛顿大学的柯尔贝塔(Maurizio Corbetta)和舒尔曼(Gordon Shulman)两人综合多个关于激活模式的研究结果后的发现。图中,在受控注意以及刺激驱动注意影响下的神经元活动被分别用白色和黑色的圈描出。由此我们可以看出,脑中似乎有两套并行的注意力系统,一套负责受控注意而另一套负责刺激驱动注意,这与心理学实验中证明的两种不同的注意力相互独立是一致的。

心不在焉,正如那个把小提琴放在车顶的故事所描述的,会或多

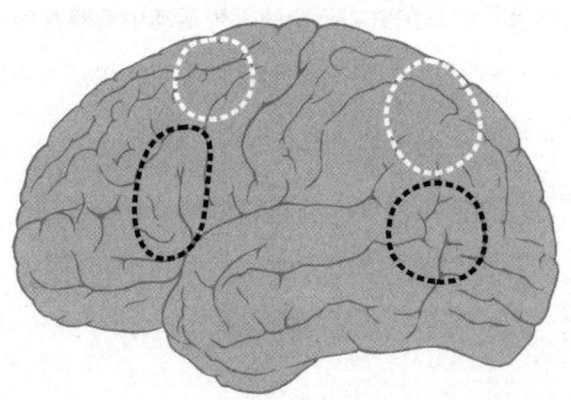

图2.3 负责受控注意的脑区(白圈)以及负责刺激驱动注意的脑区(黑圈)[引自柯尔贝塔及舒尔曼(2002年)]

或少一定程度导致我们每个人的注意力涣散。然而,有些人的注意力缺陷非常严重,尤其是那些关于刺激驱动注意系统的缺陷。这个现象用"忽略"(neglect)表述,它主要是由顶叶附近的损伤引起的。大脑左半球的顶叶区域负责处理右手一侧的视野信息,大脑右半球的相应区域负责处理两侧视野的信息。一旦大脑左半球受到损伤,右半球还能起到替补的作用。但若右边受伤,左边就没有这么"助人为乐"了,因此损伤的症状会变得更加明显。受到这类损伤的患者开始"忽略"他们的一半视野,如果要求他们画一张挂钟的图,他们只能画出钟面的一半。

在一项研究中,一位顶叶受损的女性患者被要求闭起眼睛描述她意大利故乡一个熟悉的广场,研究者要求她想象自己站在广场的一端,面对教堂,描述她身边的各种建筑。然而,由于脑部损伤,她只能描述出她右侧视野中的物体。然后研究者让她想象自己走上教堂,回看广场,她才能把另一边的建筑物描述出来。

因此,大脑接受信息的种种局限可以归因于注意力的种种机制。但是，如果我们要在更加复杂的心智活动中解释这些局限，真正有趣的限制还在于我们如何控制我们的注意力，以及我们如何留住我们接收到的信息。这些到底是怎么实现的呢？

第三章

心智工作台

有时候,我们的注意力会被自动引向周围环境中的某些变化。然而对受控注意而言,需要给予某种指令才能把它投向需要的地方。如果我们想要把注意力投向并专注于某个预先设定的目标,例如人群中的某张面孔,我们在搜寻目标之前,就得先具备某种关于这个目标的记忆。我们是如何记住那些需要我们专注的东西的呢?

工作记忆

答案就是工作记忆(working memory)。这个术语指的是我们在有限的一段时间内记住信息的能力,这段时间一般来说就是几秒钟。无论从哪个角度来看,这似乎都是项非常简单的功能。然而,从控制注意力到解决逻辑问题,大量复杂的任务都以它作为至关重要的基础。考虑到工作记忆是一条贯穿本书的重要线索,我们将用这一章来详述工作记忆的概念以及它如何与其他功能相关联。

让我们再次回到琳达和她繁忙的办公环境中。假设,琳达正忙着在她那零乱的第一层抽屉中找一枚图章,那么首先她必须把要找的东西保存在工作记忆里。在这个疏于整理的抽屉里,各种物品都在竞争着她的注意力；在她大脑的视觉脑区里，神经元也在为被激活而竞争着。因此，她必须控制她的注意力。也许是因为这一团糟的环境让她心烦意乱，她关上了抽屉开始做其他事情。结果，2秒钟之后，她已经不记得为什么要关上抽屉或那个图章在什么地方了。那条让自己去找图章的指令已经从她的工作记忆中消失了。

总监助理给了你一个必须记住的电话号码，在找到一张纸和一支好用的笔之前，你可调用的就是你的工作记忆。在这个例子中，你要记住的是文字信息，通常我们会通过反复默念来记住。下国际象棋则是另一种情况，此时我们要留在工作记忆中的是视觉信息："如果我把马走到那儿，他就会用象吃掉，但那样的话我就会用后把象吃掉。"这里我们其实是在脑海中运行某种视觉模拟，我们的工作记忆需要记住每一步模拟的行动。

尽管早在20世纪60年代，神经学家普里布拉姆（Karl Pribram）就已经使用了"工作记忆"这个术语，然而直到20世纪70年代心理学家巴德利（Alan Baddeley）才给出其最常用的定义，他也因此受到后世更多的赞誉。巴德利为工作记忆设定了3个组成部分：一个负责储存视觉信息，称为视觉空间模板（visuospatial sketch pad）；一个负责储存文字信息，称为语音回路（phonological loop）；还有一个是负责协调前两者的中央组分，称为中央执行系统（central executive）。他还提出了另一种工作记忆的组分，用来储存情境信息，称为情境缓冲器（episodic buffer）。然而，这个缓冲器没有其他那些组分定义得那么清晰。当你在记忆象棋走法时，你在调用视觉空间模板；当你在记忆一个电话号码时，调用语音回路比较方便；在两种情况下都需要一定程度的协调，这就是中央执行系统参与的地方。

如果心理学家要测试你的言语工作记忆，也许会要求你重复一串数字。如果要测试你的视觉空间工作记忆,也许使用一种叫做"区块重复"(block repetition)的测试。在这个测试中,你必须记住测试者指向不同区块的顺序。一开始测试者只会用2个区块,一旦测试通过,难度会提升到使用3个区块,如此渐进。当达到7个区块左右的时候,你就有可能开始出错了。当在某一级测试中你只有50%的概率正确地记住整个顺序时(即当你每两次就会有一次出错的时候),你就达到了你工作记忆容量的极限。

定义工作记忆的特征之一就是这个极限,在"引言"中提到的关于指路的例子就是用来说明它的:如果别人告诉你"向前走两个路口左转,然后再走一个路口",你一定能很轻易地记住;然而,如果指示过于冗长,超过了你的工作记忆能够容纳的限制,你很有可能会迷路。

长时记忆

工作记忆的容量限制是它与长时记忆(long-term memory)的区别之一。在长时记忆中,我们可以记住与我们有关的事件,比如昨天晚饭吃了什么,我们也能在学习活动中记住一些无关的概念性信息,比如某个单词的意思或者摩洛哥的首都是哪里。与事件有关的记忆被称为情境记忆(episodic memory),与概念性信息有关的记忆被称为语义记忆(semantic memory)。在长时记忆中可以储存的信息量几乎是无限的,长时记忆意味着我们能记住某些事情,即使将注意力专注于其他方面几分钟甚至几年后,依然能随时随地回忆起。工作记忆可不是这样运作的,因为要将信息储存在这里,它必须时刻处于注意力的密切监控之下。

记忆是经过一系列生物化学和细胞生物学过程之后才被编码成长时记忆储存的，一些在记忆的早期阶段中具有重要意义的脑区，比如颞叶的海马（hippocampus），在后期便不那么重要了。电休克治疗（electroconvulsive therapy）在治疗抑郁症中的效应便是一个令人印象深刻的证明：经过这种电休克治疗之后，处在早期较不稳定阶段的长时记忆会受到干扰，导致患者想不起近几天甚至近几周经历的事情，但是那些一年以前的记忆则都保留了下来。

让我们用日常生活中的例子来说明长时记忆和工作记忆之间的差别吧。你到超市里去买一盒牛奶并把车停在外面，你是在用长时记忆储存停车位置的信息。你的停车位并不是你一边逛超市一边还要在脑海中反复回想的，而是你编码之后有待唤醒的信息。相反，当你在一排排货架前茫然若失的时候，你可能使用了工作记忆来储存你的目的：进来买一盒牛奶。

所以，工作记忆一般只能将信息保留几秒钟，长时记忆则能够将信息连续储存几年。两者的差别主要在于大脑如何储存信息，而不一定是你在多久之前看到这个你所记住的东西。有一天晚上，我的一个朋友在酒吧里遇到一位年轻美丽的女士。道别之前，那位女士给我朋友留了她的电话号码。问题在于，当时没有东西可以让他写下号码，他也不放心交给他的长时记忆。因此，他把号码留在了他的工作记忆里，在他回家的路上不停默念，而且小心地避免去看车牌号、公交车号以及其他会令他分心的数字串。20分钟后，他到家的第一件事就是把那个号码记在了纸片上。现在，他们和他们的两个孩子正过着幸福的家庭生活。

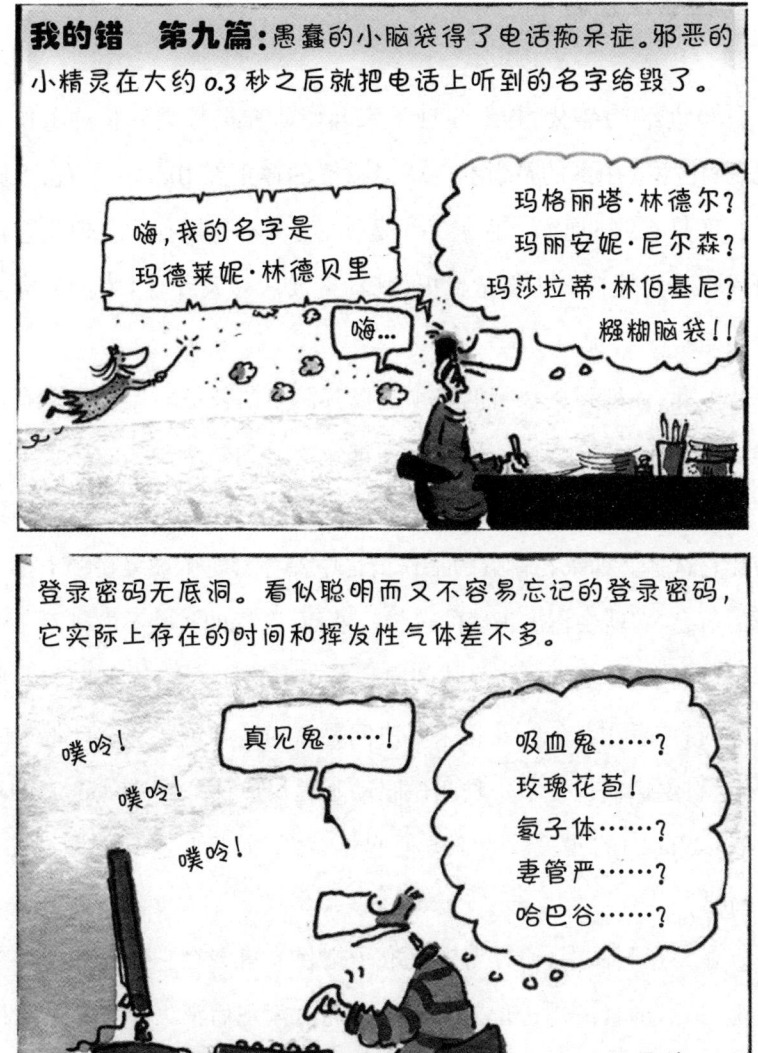

图3.1及图3.2　漫画家贝里林(Jan Berglin)在他的作品中完美地诠释了工作记忆与长时记忆之间的区别,其中电话痴呆症代表工作记忆,登录密码无底洞则代表长时记忆(贝里林版权所有)

控制注意力

20世纪70年代，神经生理学家开始研究灵长类动物的工作记忆，其中主要用到的是猕猴。一只猕猴的体重在10千克左右，大脑的长度只有约5厘米。猕猴并不聪明，甚至不如黑猩猩。但是它们可以把信息储存在工作记忆里，其容量被认为大致与1岁的人类儿童相当。

因此，让猕猴去执行的必须是极其简单的任务。比如早期有这样一种实验，研究者当着猕猴的面把花生放到两个倒扣的杯子中一个的下面，再用一块幕帘遮住这两个杯子不让猕猴看见，然后撤掉幕帘让它选择。如果在猕猴的工作记忆中保存着花生被藏在哪个杯子下的信息，它就会作出正确的选择。然而，这样的实验不能排除一些非记忆因素，比如猕猴将身体朝向藏着花生的杯子一边，眼睛看着那个方向，或者用其他小花招来解决问题。为了杜绝眼部活动带来的影响，科学家们设计了一种叫做眼动延迟反应任务（oculomotor delay response task）的实验。为了方便起见，我们姑且叫它亮点测试（dot test）吧。

在亮点测试中，研究者训练猴子把目光集中在它面前的十字准星上，然后屏幕的周边位置会有一个亮点闪现后消失。在经过几秒钟的延迟后，十字准星消失，此时猴子的目光必须转向它记住的亮点出现的位置。因此，在这个过程中，猴子必须把亮点的位置保存在它的工作记忆中。

记住一个点的位置然后调整视线，这对于我们大多数人来说不是日常生活中会用到工作记忆的地方。事实上，这个亮点测试根本就不是一个自然的行为,所以为了让猴子能够进行这个实验,必须先对它们进行长达数周的训练来让它们学习这种行为。然而,这个实验的精妙之处在于它能分离出工作记忆的要素:我们作出反应不是基于我们看到了什么,而是基于我们脑袋里储存的信息。我们关于工作记忆是如何在大脑中进行编码的知识,大多数来自数十年来应用这一实验及其他各种衍生实验所进行的研究。

如果认真分析一下在亮点测试中所发生的情况,我们会发现它与波斯纳注意力实验(图3.3)中的情况惊人地相似。在波斯纳的一个实验中,会有一个箭头提示受试者目标将会出现在哪里,受试者接下来就必须把注意力放在那个特定的位置。在这个测试中,受试者必须把位置信息储存在工作记忆中才能确保测试成功,正如猴子必须记住亮点的位置一样。这些实验,通过一种非常简单的形式,向我

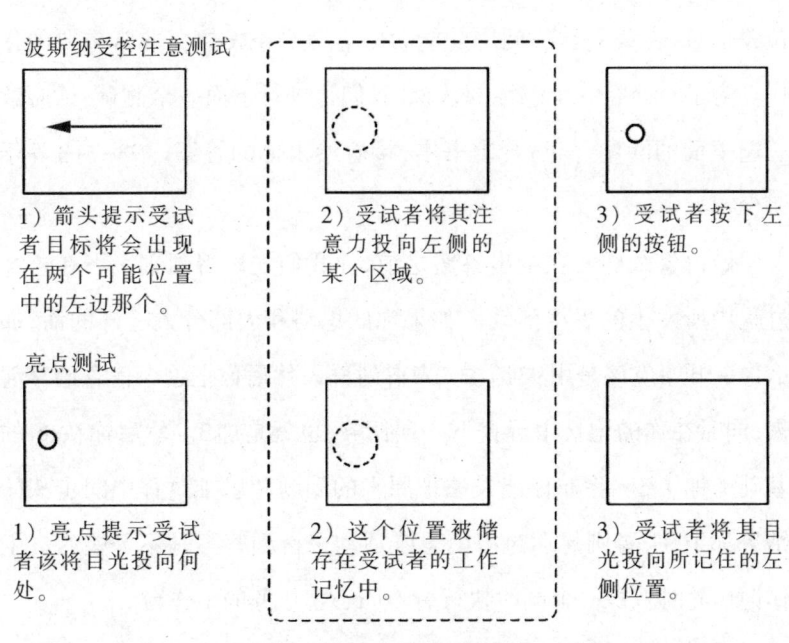

图3.3 测量受控注意的测试与测量工作记忆的测试(亮点测试)之间的相似性

们展现了注意力的控制和工作记忆之间的重叠部分。工作记忆对控制注意力来说是至关重要的，我们必须记住才能专注。

神经生理学家德西蒙（Robert Desimone）是最早对这种联系进行清晰阐述的科学家之一，他把注意力测试中的记忆组分称为**注意力模板**（attentional template）。如果你可以理解我们在人群中搜寻一张熟悉的面孔时我们必须在我们的工作记忆中保留要搜寻的目标，那这个概念并不难理解。但是需要提醒的是，工作记忆与注意力之间的重叠关系只针对受控注意，刺激驱动注意并不需要工作记忆。

解决问题

工作记忆特别令人感兴趣的一点在于，它不只储存指令、数字和位置信息，在我们解决问题的能力中它似乎也发挥了非常重要的作用。为了对此有一个感性的认识，我们来进行下面一个测试：请阅读一遍下面的问题，然后合上书本，接着给出你的答案。93-7+3等于多少？

做得怎么样？在给出答案之前，让我们先试着甄别一下在这个过程中所发生的思维活动。如果你的思路和大部分人一样的话，那么你一开始应该是用93减去7来得到86。然后你把这个信息储存起来，同时在你的记忆中寻找下一项任务，也就是加3。然后你在86的基础上加了3。除非你能设法把原来的问题和思维过程中间步骤的结果都记住，否则想通过以上思维活动来得到答案是不可能的。工作记忆此时就像一个同时执行着不同心智任务的工作台。

同样，工作记忆也被用来保存一些逻辑问题的组成部分，例如："如果下雨，草坪会湿。如果草坪现在是湿的，是否可以认为下过雨呢?"解决这类推理问题,就像进行心算一样,要求我们能对工作记忆中储存的信息进行操作。因此,巴德利是这样定义工作记忆的:工作记忆这个术语指的是一种脑内系统,能够为语言理解、学习和推理等复杂认知任务中的必需信息提供临时的储存和操作。

图 3.4 展示了心理学家常常用来评估综合智力的"解决问题测试"(problem-solving task),它已经被应用了数十年,有着很多版本,一般都叫做"雷文矩阵"。这一测试使用了一套 3×3 的符号矩阵,最右下角的一个往往缺失。受试者的任务就是找出符号横向和纵向的变化规律,等归纳出这个模式之后,就能推断出那个缺失的符号应该是什么样子,并从下面的一组选项中把它选出来。

有证据指出,我们解决这类问题的能力很大程度上是由我们的工作记忆能储存多少信息决定的。事实上,在关于这两者联系的研

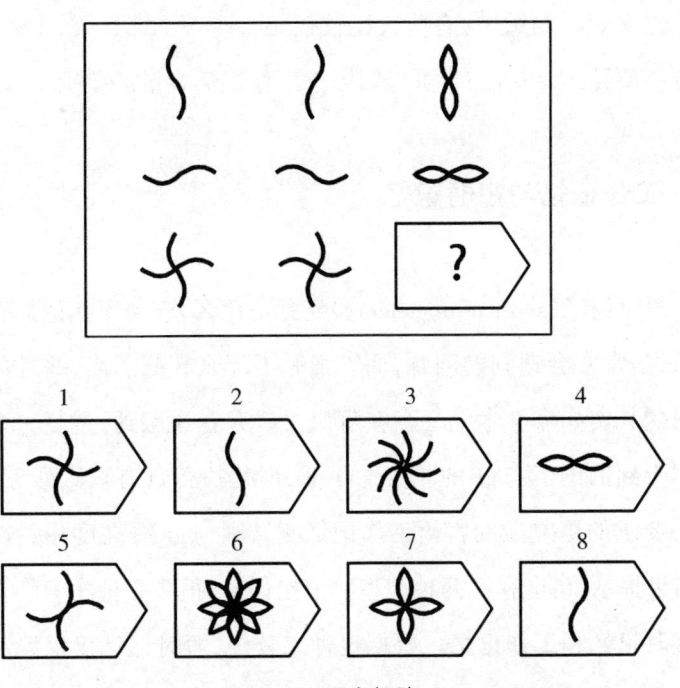

图 3.4 雷文矩阵

究论文中，最常被引用的一篇就是《推理能力（差不多）就是工作记忆容量？！》[Reasoning Ability Is (Little More than) Working Memory Capacity?!]。德国心理学家苏斯（Heinz-Martin Süß）是这样总结他的工作的："在现阶段，工作记忆容量是在对人类认知能力的研究和理论中得出的对智力的最佳预判因素。"

亚特兰大市佐治亚理工学院的心理学家恩格尔（Randall Engle）也证明，工作记忆测试的表现与解决问题能力[确切地说是gF，即液态智力（fluid intelligence），我们将在第十三章"弗林效应"中详述]之间有着密切的联系。工作记忆容量和gF之间的关系在不同的测试中有细微的差别，但是在一篇综述中指出，它们的相关性系数往往在0.6—0.8（相关性系数为0时表示不相关，相关性系数为1时表示完全相同）。这就意味着，如果我们想要解释为什么解决问题的能力（比如在雷文矩阵测试中）有些人比较强而有些人不那么强，个中不同，或者说差异，大约有一半可以归因于工作记忆容量的差别。

工作记忆与短时记忆

短时记忆（short-term memory）究竟是什么，它与工作记忆有什么关系，是常常会遇到的问题，而答案并不那么直截了当，并且关于这个问题其实如今学术上还存在争议。研究者注意到，重复一系列你刚刚听到的词汇与gF的相关性很低，但是执行具有双重任务（duel-task）要求的更复杂的言语工作记忆测试则与gF有高度相关性。这一结果提示，可能存在两种类型的记忆任务，很多心理学家将它们分为**短时记忆**和**工作记忆**。根据这种二分法，短时记忆仅仅涉及对信息的保存和重复，它与复杂心智功能及gF之间的相关性比较低；工作记忆则代表短时记忆任务中需要某些额外操作的那部分,包括某种形式的注意力分散,或要求一定程度的协同执行能力(simultaneous performance),它与gF的相关性很高。

这种记忆模型的问题在于,哪些任务应该归入哪种类别很难达成共识:有些研究者将倒序重复一串数字归入短时记忆任务,有些则认为它是工作记忆任务。同时,现在已经很明确,具有很大信息量的短时记忆任务与复杂的工作记忆任务一样,具有高gF相关性。此外,对言语工作记忆适用的区分标准似乎对视觉空间工作记忆不那么适用。而某些除了储存和重复信息之外,不需要其他操作的视觉空间任务,却与复杂的言语工作记忆任务一样有高gF相关性。因此,"工作记忆需要对信息的储存和操作"这样的定义似乎站不住脚了。正如我们在接下来的章节中将要发现的,"短时记忆任务"与"工作记忆任务"在大脑活动上也看不出明显的差别,至少在视觉空间范畴内是这样。尽管大脑活动强度有所不同,但看上去被激活的脑区是一样的,这说明我们在讨论的其实是个程度问题,而不是类别差异。

我们以后很可能会以执行各种工作记忆任务时所观察到的大脑活动来对它们进行命名,这个问题我们以后再讨论。现阶段我们可以这么说,工作记忆任务各有不同,但是"工作记忆"这个术语在本书中是适用的。从这里开始,我们关注的主要方面将会是有着与复杂言语工作记忆任务一样、高gF相关性的视觉空间工作记忆。

工作记忆对我们的解决问题能力异常重要是基于如下一些原因:要解出雷文矩阵,我们必须保留并操作工作记忆中的视觉信息,同时记住规则——就如同上面那个小算术题一样;解决逻辑问题似乎还会涉及某种形式的符号表示(symbolic representation),而这从本质上来说是属于视觉空间性的。此外我们还需要控制我们的注意力。恩格尔对此的解读是,工作记忆与注意力控制之间的重叠部分是重中之重:我们必须记住才能专注。

第四章

工作记忆的模型

在第三章中,我们了解到保留信息的能力对于很多心智任务来说至关重要。工作记忆可以用来控制注意力、记住指令、把做事情的计划储存在脑海中,以及解决复杂的问题。然而,工作记忆的容量是有限的,它是限制我们处理信息和推理能力的"瓶颈"。如果我们问自己,当石器时代的大脑遭遇信息洪流时什么环节会出问题,那么答案之一将会是工作记忆的局限性。所以,就让我们来进一步了解一下信息究竟是如何储存的,以及我们能否在大脑中定位出这些局限所在的位置。

在我们对大脑活动以及工作记忆的认识中,不少重量级的发现要归功于耶鲁大学的神经学家戈德曼-拉科齐(Patricia Goldman-Rakic),亮点测试的开发者之一。当她在灵长类动物大脑的不同部位记录神经元活动时,她试图寻找的是那些与工作记忆实验的各个部分明确相关的活动。这是一个具有很高要求的搜索过程,因为绝大多数被观察的细胞与测试任务之间看起来没有任何关系。在这一类研究中,放大器和音箱被连接到探测装置上,将神经元的电活动转化为一曲由无序的噼啪声谱成的交响乐——当然,它绝对不是真正的无序,只是它的复杂性超越了我们的理解。

然而，戈德曼-拉科齐设法从这种混乱中提取出了一些固有模式，其中最有趣的似乎来自那些在信息被储存入工作记忆的时间段中被激活的细胞。这些细胞在猴子看到要记住的亮点时开始活动，发出一串不间断的信号流，亮点消失之后该活动仍在继续，直到猴子将目光移到它记住的位置为止。这类活动被称为延迟期活动（delay-period activity），一旦它中断，猴子就不再记得位置的信息了。表现出这类持续活动的神经细胞最初是在额叶中找到的，不过它们在顶叶中也存在。

由戈德曼-拉科齐及其他研究者，例如加利福尼亚大学洛杉矶分校的富斯特（Joaquin Fuster）所提出的理论认为，信息之所以被保留在工作记忆中，正是因为某些神经元的持续性活动。这是它本质上区别于信息被编码入长时记忆的地方，在后者中神经元之间的联系被永久性地强化了——这个过程耗时长久，还有新的蛋白质合成等要求。将信息编码入工作记忆完全是一个动力学过程，它提供了一种瞬时储存信息的方式，因为建立电活动的模式只需要几毫秒就可以完成。然而，这也是一种非常脆弱的方式，一旦信号网络受到干扰或是持续的信号发放被中断，记忆就不复存在了。

现在，我们可以回过头看一下各种不同类型的记忆究竟该如何定义的问题了。如果我们要建立一个与大脑内所发生的活动相一致的心智功能命名系统，那么我们可以将工作记忆定义为一种基于持续性神经元活动的短期储存信息的能力。

让我们回到那个为了买一盒牛奶而泊车的例子上。汽车的泊位信息是储存在你的长时记忆中的，你的额叶中没有神经元在编码它的位置信息，或是在你浏览货架的时候持续地活动着。然而，在你浏览货架时，你搜寻的那种物品——牛奶，则是储存在工作记忆中的。

这个信息是"在线"的,这么说的意思是指,它会以某些额叶神经元持续活动的形式一直存在于你的意识中。

至于这些神经元如何做到在延迟期中仍保持活动性,至今还是个谜。有一种假说认为是由于循环回路的存在,这种神经元网络通过互相刺激的方式令活动性得以保持。针对这些机制的研究得益于计算机模拟运算的帮助,近几年取得了一定的进展。这些实验中纳入了单个神经元如何被激活的计算机模型,然后这些虚拟神经细胞被联系在一起成为一个网络,使得科学家可以检验究竟在什么条件下才能维持活动性。结果发现,这需要在刺激和抑制之间保持一种微妙的平衡。如果抑制性太强,那么记忆信息就会随着神经元活动性的湮灭而消失;如果抑制性太弱,那么神经元活动性就会失去控制,演变为一种癫痫样反应。

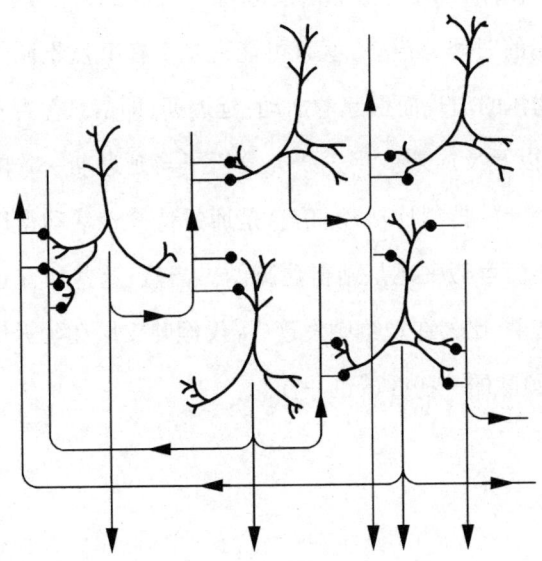

图4.1 计算机模拟用于解释神经元如何活动,信息因而可以通过神经网络共同激活而被保存下来

顶叶中的信息

关于人类工作记忆如何运作的知识在20世纪90年代开始进入新一轮的发展,正电子发射体层摄影(positron emission tomography,缩写为PET)的出现使得科学家可以在受试者执行工作记忆任务时测量其脑部血流。其研究结果不仅揭示了额叶是如何被激活的,还与早先的灵长类动物额叶功能性研究以及额叶损伤患者的研究中所获得的结论关联了起来。此外,PET扫描仪还提供了更加详细的信息,使研究者甚至可以把保存视觉信息的区域与保存语言信息的区域区分开来。

PET的时间分辨率*仅为1分钟左右,到了20世纪90年代中期,研究者开始使用fMRI对脑部活动进行大约每2秒一次的快照成像。有了这么高的时间分辨率,就有可能记录下在截然不同的两个阶段中因某个物体的出现而引起的活动:延迟期,即信息保存在工作记忆中的阶段,以及反应期。不少研究分析了与延迟期一致的活动并且注意到了额叶的持续性活动,信息是通过持续性活动得以保存的假说对于人类而言似乎还是站得住脚的。当然,这些研究还给出了更多详细的结果,比如在观察中发现,不仅额叶皮层在延迟期中存在持续性活动,顶叶的一些区域也一样。

---

* 时间分辨率表示两次采样或者说两次观测之间的间隔时间,间隔时间越短,时间分辨率越高。——译者

记忆与注意力的统一

通过比较受控注意测试与工作记忆测试两者的细节，我们可以看出工作记忆是如何与注意力控制联系起来的。至少，某些心理学理论是这么认为的。但是，它们所激活的是同一个脑内系统吗？

在一项雄心勃勃的针对工作记忆任务中脑部活动的研究中，加利福尼亚大学伯克利分校的柯蒂斯（Clayton Curtis）和德斯波西托（Mark D'Esposito）使用了和之前用在猴子身上的亮点测试一样的实验设计。15名受试者参与了此项研究，研究者每隔1秒钟就通过快照记录下受试者的脑部活动，如此对每个人的脑部活动进行了45分钟的监测。这是一项耐力的挑战，不仅受试者要在磁共振扫描仪中躺45分钟并不停地记忆亮点的位置，研究者还要在随后对采集到的4万多张脑部影像进行分析。

通过对这些影像进行统计学分析，柯蒂斯和德斯波西托注意到了在顶叶[在顶内沟（intraparietal sulcus）的附近]、额叶靠上部分[额上回（superior frontal gyrus）]和靠前部分[额中回（middle frontal gyrus）]的活动。有趣的是，前两个脑区也是在受控注意实验——例如波斯纳实验（详见23页）——中被激活的脑区。如我们所见，现在，脑科学研究的结果证实了对工作记忆和受控注意之间相互重叠的心理学描述。这可能意味着，记住一个亮点的位置与记住要把注意力投向那个尚未出现但将要出现的亮点的位置之间可能并无差别。

需要注意的是，工作记忆与注意力控制之间并不完全对应。在许多工作记忆任务中，位于额叶更靠前端位置也存在脑部活动，而这并不是在每次注意力测试中都能观察到的。究竟这种活动有什么功

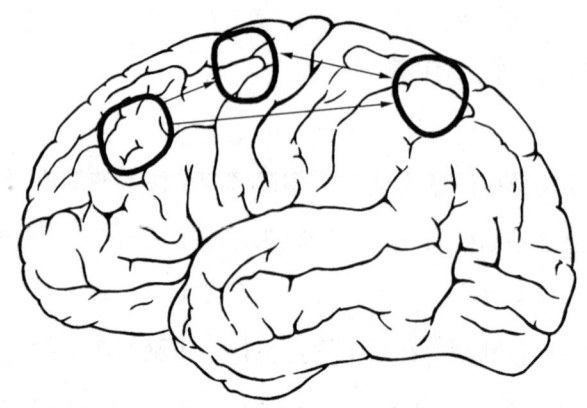

图4.2 被圈出的区域是在工作记忆任务中被激活的脑区。顶叶中的区域与额叶上部的区域在工作任务的延迟期中持续激活,此时要求受试者必须记住空间位置信息。这些区域与注意力控制中激活的脑区一致。在工作记忆任务中激活但未必在受控注意任务中激活的区域位于额叶的前部,箭头所指出的是在工作记忆任务中这些脑区之间可能的联系方式(柯蒂斯与德斯波西托,2003)

能,目前尚不知晓。我们的脑功能图谱上尚有不少未被了解的区域,对于前额叶更是所知甚少。有可能此处的脑部活动能够产生一种由上至下的控制,稳定或增强某些联系,例如额叶上部与顶叶之间的联系。

信息是如何编码的

关于这种神经元活动的一个关键问题是,细胞是如何在没有外界刺激的情况下在延迟期中保持激活状态的。神经细胞网络中的反馈机制看起来是个可行的解释。另一个重要的问题是,这种持续性的活动究竟编码了哪一类信息?这类信息有什么意义?

类似的问题已经在长时记忆领域中被研究者讨论过了。有一种理论认为，某些特定的神经细胞负责某些特定的记忆。这种"祖母细胞理论"（grandmother cell theory）宣称，当我们每一次看见祖母时，我们就有一个特定的细胞被激活了，正是它让我们记住了自己的祖母。

关于工作记忆，某个理论指出，来自大脑后部的感觉信息也是传到额叶中某些特定的神经元，且形式与祖母细胞理论所述的并没有什么差别。换句话说，某个特定的额叶细胞的持续性活动令猴子记住了亮点在它的右侧90度，而附近另一个细胞的活动则是对应着右侧120度的记忆，以此类推。根据另一种模型的解释，不同刺激的信息能够通过神经元特定的激活频率进行编码。然而，还有些研究显示，信息也不见得总是能够简单地通过额叶中的神经细胞进行收集。某些细胞对于无论何种刺激都能表现出工作记忆的活性。因为这一类细胞参与多种感觉模态例如声音信息和视觉信息的编码，我们可以将它称为"多模态"（multimodal）神经元——属于神经元中的"来者不拒"型。

这一大段看上去有点学术化和卖弄了，并且除了那些对额叶中的神经细胞分类特别感兴趣的人（我承认我是其中之一），其他人可能觉得这些描述和自己没什么关系。然而，信息究竟如何编码对于信息流在脑内的组织方式是有莫大影响的。如果额叶中的每一个细胞都对应一个特定的刺激，那就提示信息流是并行组织的。戈德曼-拉科齐，作为本理论的倡导者，认为工作记忆是由并行系统组成的，每个系统处理自己所负责的一类信息。但是，如果是另一种情况，也就是有多模态神经元参与到工作记忆中，那么这种接受来自大脑后部感觉细胞的信息的方式，就可以被看作是一种信息流的汇聚。

我和同事们所进行的一些工作记忆实验就与信息编码方式之争有关。在其中的一个实验里，我们监测了两个不同的工作记忆任务中的脑部活动,其中一个涉及音阶高低的记忆,另一个则是关于亮度记忆的。大脑中的某些区域在这两个任务中都被特异性激活,这些激活与储存的信息类型无关,或者说,这些区域就是多模态区域。这一结果反驳了戈德曼-拉科齐的并行结构假说,此后也在其他的研究中得到了验证。

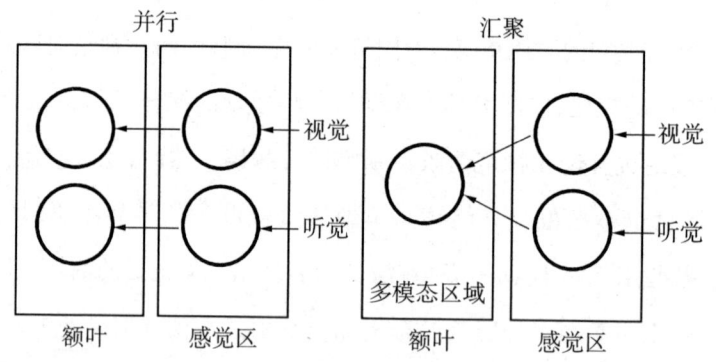

图4.3 在执行工作记忆任务时大脑内的并行信息流与汇聚信息流示意图

那么,这些发现有什么重要启示呢?我们的某些脑区中存在信息处理的汇聚,这一事实很有可能存在一个功能性的结果:并行组织应该更加顺畅,更能抗干扰,受容量的限制更少,这与计算机中多核处理器比单核处理器要优越是一个道理。汇聚点则很容易形成瓶颈。

如果要找一个当石器时代的大脑遭遇信息洪流时会造成问题的原因,那么工作记忆的有限容量就是个很有希望的备选项。如果想要进一步找到脑部功能的限制所在,则多模态区域就是个可能的瓶颈。那我们在这里真正要应对的是什么?我们能不能简单地找到一个特定的脑区,而它就决定着我们的工作记忆容量或是解决问题的能力呢?

第五章

大脑与神奇数字7

正如前文所提到的,乔治·米勒建立了人类信息处理能力存在先天限制的假说,认为我们的工作记忆仅能储存大概7个单位的信息。他的一个目的就是要将信息理论的带宽概念引入心理学领域,从这种意义上来说,人类大脑可以被看作一个通信频道,对于所有接收、储存、处理或是再生的信息而言,其容量都是完全可以被量化的。

将大脑与铜导线相比当然过于简化了,然而问题依然存在:是什么导致我们大脑中存在一个工作记忆的储存容量限制呢?我们能将肇因精确地定位到某一特定的脑区吗?它又是通过什么机制去限制容量的呢?

首先,也许必须先声明,7并不是什么神圣的数字。我们的工作记忆可以容纳多少信息从某种程度上取决于如何去设计这个测试。如果信息可以被组合成为有意义的单位,例如KGB1968CIA2001(KGB和CIA分别为苏联特务机关克格勃和美国中央情报局的缩写),工作记忆就可以处理7项以上。像这样将信息组合起来的方式被称为组块(chunking)。心理学家考恩(Nelson Cowan)证明,在其他类型的工作记忆测试中,若不允许受试者在延迟期阶段自我重复那些信息,工作记忆的容量就跌到了4个单位。但是,尽管考恩质疑数字 7 的精确性，他还是认同存在着一个绝对的阈值，并且这个阈值是大脑处理信息能力的最重要的限制之一。

事实也是如此。如果要求 20 位学生记忆一段随机数字串，他们中的大多数能够重复出的数字也是介于 6 个到 8 个。如果我们测试他们的视觉空间记忆，有些人能记住 5 个位置，有些人能记住 8 个。无论结果如何，平均值往往还是令人惊讶地接近米勒的极限 7。

对于科学家来说，"信息"就是"变量"或是"差异"的同义词。比如说，如果要评估铅对于大脑发育的影响，那么我们会检测那些曾经接触过大量铅的人的大脑，然后与很少接触铅的人的大脑进行比较。所以，如果要探讨脑容量和功能之间的关系，我们就要研究脑容量之间的差异。这方面最明显的差异莫过于儿童的工作记忆与成人的工作记忆了，因此，让我们先来仔细审视一下童年期脑容量的开发过程，以及在这个过程中大脑发生了什么变化。

成熟中的大脑

下次当你遇到一个 7 个月大的小宝宝时，试着当着她的面把她最喜欢的玩具藏到一两层毯子的下面（当然，事先你必须征得孩子家长的同意）。转移她的视线几秒钟，然后让她去找她的玩具。一遍一遍地重复这个实验，每次都改变你藏玩具的位置，以防止宝宝运用她的长时记忆来记住玩具的藏匿点。

5 个月大的孩子是不能成功地执行这样的任务的，因为她不能保留一个她看不见的物体的意象：眼不见，心不想。如果你想知道没有工作记忆的生活会是怎么样（但是想象自己是条金鱼又太困难的话），就试着从一个婴儿的视角看世界：持续不断的感官刺激。在大约7个月大的时候,工作记忆开始慢慢地发展起来;大概12个月大的时候,孩子就能够在经历了几秒的延迟期之后找出藏匿的玩具了。

记住玩具藏在哪里是工作记忆开发的万里长征的第一步,工作记忆在整个童年期乃至青春期都会不断地发展,这意味着成年人比孩子具有更好的工作记忆。当一个8岁的孩子听到老师说"拿出你的铅笔、橡皮、草稿纸和数学课本,翻到第25页开始做题目",1分钟后你看到孩子把书翻到正确的一页坐在那儿做题的可能性并不大。当然,这有可能是因为他想继续玩,但也有可能是因为他的工作记忆事实上已经超负荷了,这一长串指令没能在工作记忆中保留足够长的时间去让他全部完成。

工作记忆的开发过程中有许多组成部分,其中之一就是形成一些记忆策略。比如说,4岁大的儿童就不会运用默念来记住数字——这是要到六七岁的时候才会出现的策略。然而,即使我们无视策略带来的不同,工作记忆之间的差异依然存在。我们可以通过非常简单的测试来检测,比如说让儿童记忆依次出现的亮点的位置。好几个研究都证明,人们执行这项测试的能力会在童年期和成年期早期阶段持续增长,然后在大约25岁的时候达到平台期。对于一个8岁的儿童而言,其储存信息的容量大约每年增长7%。心理学家黑尔(Sandra Hale)和弗里(Astrid Fry)的研究指出,这一过程决定了我们在童年期中解决问题的能力能提高到怎样的水平。坏消息是,接下来这一容量就进入了一个漫长的衰退期。根据某些研究的结果来看,到了50岁时,我们就会退回到大约20岁时的水平。也许我们这些上了年纪的人可以这样自我安慰:我们积累下来的知识和策略可以在一定程度上弥补能力衰退带来的影响,毕竟常言道:"姜还是老的辣。"

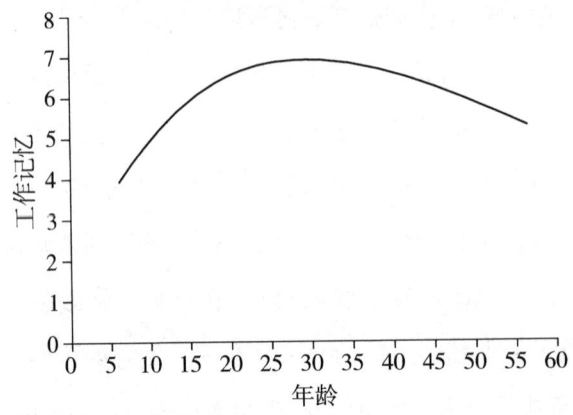

图5.1　人一生中工作记忆的变迁曲线［斯万森(Swanson),1999］

儿童的工作记忆不如成年人这一论断似乎与我们生活经验不符,很多为人父母者(包括我在内)常常会在玩《翻牌配对》(Concentration)游戏时输给他们的孩子。《翻牌配对》[也被称为《记忆配对》(Memory)或《凑一对》(Pairs)]也许大家都玩过,就是翻开一对完全一样的牌的游戏。玩家们先把二十几张牌(或者说十几对)洗乱,然后面朝下排好,接着轮流翻牌,每次2张。一旦翻开的牌是一样的,那么这对牌就从台面上拿走并收入翻开者的牌堆。这个游戏就是要玩家记住牌的位置,以便在需要的时候能够把它们翻过来,不少系统性的研究就基于这样一个游戏。很多人懊恼地发现,一般情况下,10岁的孩子总能战胜已人到中年的父母,接着从惩罚自己的父母中获得极大的满足感。这是因为在这类游戏中长时记忆非常有用,在被覆盖的那一面上是什么内容并不会在我们的工作记忆中被反复温习,相反,它会被编码到长时记忆中以待稍后调用。这种对长时记忆的运用,与我们在采购一番之后回忆起泊车位置如出一辙。某些类型的长时记忆的技巧并不会逐渐得到开发,并且往往是儿童比较强。

一个叫做《西蒙》(Simon)的电子游戏则是另一类记忆测试。它的一个版本是这样的：有一圈4个不同颜色的按钮，它们会按照某个顺序发光，比如，上—下—左—右。游戏要求依照之前发光的顺序依次按下按钮，如果玩家成功重复出了顺序，那么下一轮的步骤就会增加一步：上—下—左—右—左。很多人声称能够记住一个差不多有15步的顺序，这看起来与我们工作记忆只能容纳7个项目的结论不相符。但实际上，游戏中一再重复的顺序使我们得以调用长时记忆来完成任务。如果每一轮顺序都是随机产生的，我们很可能早就出局了。

脑内信号与脑容量

那么当儿童的脑容量提升时，他们的大脑里究竟发生了什么变化呢？在过去的几年里，我和我的同事在卡罗林斯卡研究院里进行了一些研究。我们让儿童进行一些与记忆亮点位置有关的简单任务，并且在任务进行的同时记录他们的脑内活动。我们的结果提示，在童年期某些特定脑区的活性确实得到了提高：一块在顶叶，一块在额叶的上部，还有一块在额叶的前部。这一结果与其他研究者的发现一致。

占大脑很大一部分面积的顶叶的褶皱，形成了一个叫做顶内沟的凹陷，我们观察到的最显著的改变正是发生在这个沟的附近区域。同样也是这个区域，早先的研究发现了它在受控注意测试中的活动。

在儿童和成人中，究竟是额叶的哪块区域的激活有所不同，取决于正在进行的测试类型。大量研究都注意到，在受控注意测试中被激活的额叶上部区域存在活动差异。当在工作记忆测试中引入干扰因子时，我们也能看到前额叶皮层活动性的不同。因此可以认为这3块区域与容量有关：活动性越高，记忆力越好。

另一种发现限制工作记忆的关键结构的办法，就是找出第一章"引言"中给出的容量极限曲线（见第6页），然后去寻找那些活动模式与该曲线所描述的特征相类似的脑区。

2004年发表在《自然》（Nature）杂志上的两项研究正是这么做的。在其中的一项研究里，受试者要在工作记忆中储存2、4、6或8个不同的项目——屏幕上显示的小圈的颜色和位置信息。结果显示，该测试的表现逐渐下滑，一如曲线所描述的那样。然后研究者用fMRI来检测脑部活动，有一个脑区，并且是唯一的一个脑区，其表现与容量曲线相吻合。这个脑区正是在顶内沟处。另一项研究在分析了脑电图（EEG）记录出的脑部电活动后，同样发现了一个活动特征与曲线一致的脑区——同样，还是顶内沟。

那么，被认为与工作记忆容量紧密联系的解决问题能力又如何呢？在一项由韩国首尔国立大学的李根浩（Kun Ho Lee）主持的大规模研究中，科学家首先检测了年轻受试者在解雷文矩阵中的表现，然后在他们执行工作记忆任务时检测他们的脑部活动，结果发现，在顶叶和额叶中的脑部活动都与解决问题的能力相关，其中最显著相关的是在顶内沟——还是这个脑区，这个被我的团队和其他研究者证明与童年期工作记忆容量的拓展紧密相关的脑区。

所以，如我们所见，大量的研究提示，顶叶和额叶的部分脑区决定了我们工作记忆的容量。星星点点的差异不是遍及整个大脑，而只是存在于一些特定的脑区。这些相对特定的脑区就是那些我们已经熟悉的区域，那些我们前面已经知道的、向工作记忆中储存信息时，以及当注意力的焦点被投向某个预定位置时被激活的区域。也许，这里就是我们要找的限制我们接受和储存信息的能力的关键结构，或者说瓶颈。额叶的参与或多或少是我们预料之内的事，毕竟几十年来这个脑区都被认为与高级认知功能有着千丝万缕的联系。然而，顶叶对于解决问题能力和工作记忆的重要性是个相对新的发现。一系列不同的研究，运用了不同的研究方法，结论却无比一致地指向顶叶，这个现象也是非常值得关注的。

因此，爱因斯坦（Einstein）大脑上奇特的顶叶结构看来很可能就不是巧合了。他的大脑体积和重量都不比正常人大，左右半球之间的联系也不比正常人丰富，单位面积中的神经元数量也没有更多，额叶也没有显著大于常人。然而，他的顶叶却颇为独特：不仅比其他人的大脑宽阔，还是不对称的，左叶比右叶明显大很多。其解剖学特征也很特别，一般用来分隔额叶的那道沟存在一个向前的移位，这个现象现在被解释为这一部分皮层在童年期发生了早期扩张。

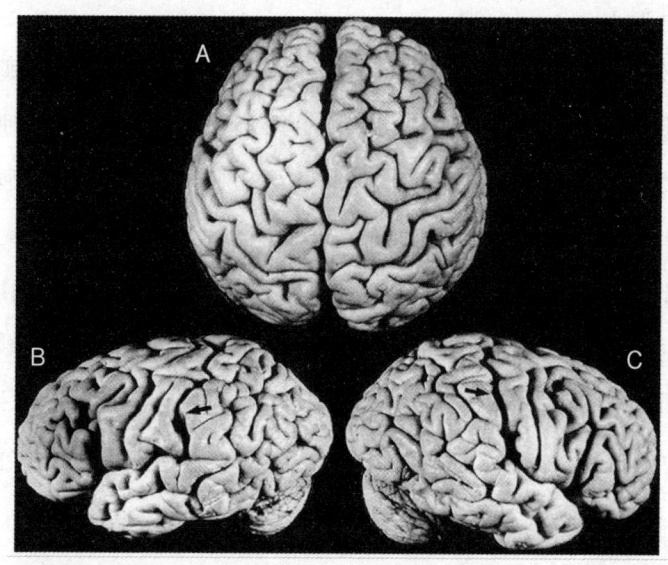

图5.2　爱因斯坦的大脑。B和C中箭头所指的即为向前移位的沟裂［韦特尔森（Witelson）等，1999］

容量限制的机制

让我们先假设已经发现了决定童年期脑容量发育的关键皮层区域,那么,当我们的信息载入量提升时,在这些顶叶和额叶的区域中究竟发生了什么变化呢?为什么这些区域的容量不是无限的呢?有不少的研究就这个问题进行了探讨,研究者逐步增加受试者需要记忆的字母、数字或脸孔的数量,同时观察他们脑部活动的变化,结果非常一致地显示,脑部血流量和代谢水平随着信息量的增加而增长。这是否意味着我们大脑运作存在着某种形式的代谢极限,从而限制了通向相关脑区的血流或者说血氧供给,因此造成工作记忆的极限呢?或许是脑内乳酸*累积过多?你如果做过那种听一串数字然后以逆序复述出来的工作记忆测试,也许就不难理解为什么脑内会有乳酸了。

然而,这些解释看起来都不是那么令人信服。首先,脑部血流供给能够保证神经细胞总是能得到足够的含氧血。事实上,当神经细胞被激活并且上调了它们的代谢和氧消耗水平时,通向这一脑区的血流的提高程度比实际需要的量还大,足以满足这些细胞相比静息状态下更高的对氧和血的需求。我们还知道,在某些极端的情况下,例如患者在癫痫发作的过程中,其流向脑部的血流量可以比健康人执行非常困难的心智测试时大许多。看来我们必须要另找原因了。比如说,能不能去看一下童年期的顶叶和额叶脑皮层的发育过程中

---

*乳酸是无氧代谢的产物,往往在剧烈运动(代谢)时因为氧供应不足而大量产生。——译者

发生了什么,以了解工作记忆得到提升的机制?

儿童的大脑

关于大脑功能有一个不成熟的观点,即神经细胞越多越好,对于儿童大脑的研究否认了这一点。2岁儿童的额叶中的神经联系(interneuronal connection),即突触(synapse),其数量大约是20岁青年人的2倍,可是2岁儿童的工作记忆就差多了。从2岁开始,突触的密度开始逐渐降低,在12岁左右接近成年人的水平。在经过了早期过度生长的阶段后,神经元、中间神经元以及突触就开始以惊人的速度消失。连接大脑两侧半球的神经纤维系统在最初的3个月平均每天要减少90万根轴突(axon)。要解释为什么神经元在减少而记忆容量却在增加很困难,但是可以想象,强化重要的神经联系并退化不重要的神经联系这两个过程的共同作用,可能使这个记忆系统的结构不断优化。

神经纤维的外面包裹着一层被称为髓鞘(myelin)的脂类外套,它能够提高神经冲动传递的速度。在发育过程中,髓鞘会不断增厚,称为髓鞘形成。尽管大多数的髓鞘形成发生在2岁之前,但是现在我们发现,大脑中这个过程会一直持续到成年期早期。磁共振研究的结果显示,顶叶和额叶间的神经联系的髓鞘形成也与工作记忆的发展有关。只是究竟这个过程为何能导致工作记忆变得更好,其中的逻辑关系并不显而易见。一种可能性是联系的传导速度加快了;另一种可能性是髓鞘保护了传导的通路,从而确保了源自顶叶的神经冲动能够一路畅通地传到额叶。

总的来说,在儿童的大脑容量拓展之际,其脑内发生了一系列生物学过程：一些突触联系被巩固，另一些被削弱，大脑各部分之间的联系大量丧失，被保留下来的联系则被髓鞘化。有可能现在我们能够用来研究人类大脑的技术还没有精确到可以回答容量限制的问题，真正的原因有可能还埋藏在每个神经元之间复杂的连接模式中。有些刻薄的评论家把PET和fMRI等脑部成像技术比作测量计算机的温度，你能由此检测出计算机哪些部件正在工作而哪些没在工作，你甚至可能发现不同部件之间的差异，但是这对于你真正了解它的工作原理，还隔着几光年的距离呢。

计算机对脑部活动的模拟

我希望在未来的某一天，科学家可以把电生理学技术这类通过极细电极的帮助来观察单个神经元活动的高分辨率手段，与能够同时分析多个脑区活动的脑成像技术结合起来，从而整合宏观和微观的信息。我们或许还能从中获得足够的关于神经元及其纤维联系的信息，以此建立非常写实的计算机模拟的脑模型，方便我们去检验各种描述神经元行为的理论。我自己的研究小组，与腾纳尔（Jesper Tegnér）、埃丁（Fredrik Edin）以及马科韦亚努（Julian Macoveanu）一起投入了这样一个项目中。我们设计了工作记忆的计算机模型，试图了解决定大脑容量的神经元发育过程，以及童年期脑部活动的变化。

在这一系列的研究中，我们使用一个包含了大约100个虚拟神经元的神经网络，如果对应到我们大脑的话，相当于额叶上不到1平方毫米的区域。我们通过调校，使网络的活动模式能够模拟灵长类动物向工作记忆中储存信息时的脑部活动。这样一个微小的网络能将信息保存在它的"工作记忆"中。此外，与猴子试验中观察到的一样,该网络中的信息也是通过在延迟期不间断的神经元活动来保存,并且通过反馈过程来不断刷新。

那么,这个模型有没有告诉我们该做什么来增加容量呢?在某项实验中,我们检验了两种假说:**更强的神经联系**令我们有更好的工作记忆,**更快的神经联系**(例如更有效地将神经冲动从一个脑区传到另一个脑区)能增加工作记忆容量。后一种假说正是基于髓鞘形成过程,也是我最看好的一种假说,因为早先的磁共振研究已经证明某些脑区的髓鞘形成过程与工作记忆的发展有关。

我们为每个假说分别建立了一个"儿童模型网络"和一个"成年人模型网络",然后我们刺激网络,当它们在"工作记忆"中保存信息时检测其活动性。我们同时通过fMRI检测在真实儿童和成年人中的脑部活动,以确定哪种假说与事实更相符合。

事实证明,第一种假说更加优越。一个具有更强的突触联系的网络,能够稳定地保持记忆活动,即使在存在干扰的情况下也一样。它的网络活动的特性也与我们在fMRI上所观察到的相匹配。但令我失望的是,我所看好的假说,具有快速联系的网络,似乎没能解释实验中所记录到的脑部活动的改变。

我在本书开篇时曾经问过,当石器时代的大脑遭遇信息洪流时,究竟是什么机制限制了我们的心智功能,看来工作记忆的容量应该是个非常关键的瓶颈。接着我们寻遍大脑,试图找出瓶颈究竟在哪个位置,结果我们发现工作记忆的容量并非散布在整个新皮质上,而是局限在顶叶和额叶的几个关键脑区。然后我们又向前迈出一步,想要知道在这几个脑区中限制容量的机制是什么。踏出这一步,我们已然触到了目前科研的最前沿。而此时此刻,就这个问题我们尚未找到一个清晰的答案。尽管如此,计算机模拟的结果提示我们,神经元之间更强的突触联系可能在其中起着某些作用。

在下一章中,我们将回到信息洪流和一些对我们的信息处理能力提出不小挑战的日常情境中去,例如面对着各种干扰进行工作,或是同时进行多项任务。我们之前已经看到,工作记忆的容量对于一系列心智任务至关重要。那么我们大脑中决定抗干扰能力以及协同任务能力的,是不是同一些关键脑区呢?为什么有时候我们的大脑要同时处理两件事情会这么困难呢?

第六章

协同能力与脑力带宽

对于那些表现突出者以及急于快些解决所有事情的急性子来说，多任务（multi-tasking）是一个早已熟知的策略了。

某些协同任务（simultaneous task），例如一边剃须一边吃早饭，往往是因为动作方面的原因而难以实现。另一些，例如一边看地图一边开车，之所以困难是因为我们只能从一个来源收集信息，眼睛也只能一次注视一个事物。还有一些事情难以同时执行的原因，在于它们的输入和输出，或是刺激和反应，需要经过类似的信息处理过程。在很多情况下，两个任务都对工作记忆有一定的要求。波斯纳认为，大量的研究结果可以最终被简化还原为图 6.1 所示。

根据这一模型，表现值总是落在这条曲线的某个位置上。举例来说，任务 A 是看报纸，而任务 B 是在早餐桌上与你的另一半交谈。如果你选择专注于新闻而忽略你的伴侣（请勿在家中进行该项实验），那么你在任务 A 中的表现就是 100%（定义如此），而在任务 B 中的表现则是 0。如果你接下来开始听你的伴侣在说什么并且给予一些粗略的回应，你的表现值就开始沿曲线向上攀升了。你在任务 B 中的表现将会从 0 得到显著的提高，但是你阅读的速度会减慢，并且你会发现那些很长的句子需要看好几遍——你在任务 A 中的表现开

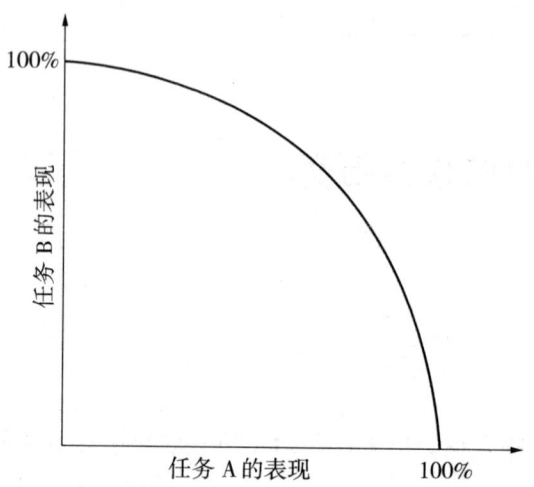

图 6.1 协同任务中的表现（波斯纳，1978）

始下降了。如果你放下报纸，把你全部的注意力都交给伴侣，你将会在任务 B 中得到 100% 的表现，而在任务 A 中的表现则变成 0。

根据图中曲线来看，我们在任务 A 中达到 90% 的能力表现时，我们在任务 B 中大约能达到 44% 的表现。这样一来，相比依次单独执行这两个任务时的 100%，我们现在的工作能力突然提升到了 134%。个中原因之一，就是我们能够通过牺牲一定程度的效率来实现两个任务之间的快速切换。当然，我们还必须考虑另外一个因素，即用 90% 而不是 100% 的能力来执行一项任务时，我们付出的代价是什么。如果在被问到咖啡中要不要加牛奶时给出了一个错误的回答，或是你不得不重读某一句话，这个代价应该不算很高。在玩抛接球杂耍时掉了一个球，往往捡起来也就没事了。但是，在某些情况下，我们作出决定之后就没有机会把那个掉落的球再捡起来了。例如，你不应该在盘算养老金投资方向的时候还一边看晨报的头条新闻，或是在电话面试工作的时候读电子邮件。

当人们在讨论协同执行时,往往不需要太久就会有人提出下面两种说法:一是女性比男性在双任务表现上出色,二是这一现象源于联系大脑两个半球的神经纤维的密度差异。"女人的脑袋里装的是宽带"这句话在时下几乎成了口头禅。然而,在系统性地研究性别差异的文献中,并不存在支持这个观点的证据。例如,休斯敦大学的希斯科克(Merrill Hiscock)在其近期发表的综述中指出,在112项实验中仅有4项观察到双任务干扰中的性别差异:其中男性占优的有2项,女性占优的也是2项。确实,两性在胼胝体(连接大脑左右半球的神经纤维束)的形状和密度上存在差异,但是这种差异对于双任务表现究竟有何显著的功能影响,尚没有人知道答案。所谓女性在双任务能力上的优越性不过是一个传说。

一边开车一边打电话

对日常活动,例如打扫、交谈或是驾驶进行研究,是非常困难的,因为这些活动每时每刻都在发生很大的变化。在一条看起来没有尽头的直线高速路上开车比起在市中心艰难地在车流中穿行,需要作的决定就少很多;而交谈也可能包括被动地倾听或是对理解能力要求更高的讨论。因此,研究开车时双任务能力的一种方法,就是让这项活动在实验室中进行。在这里我们可以进行任务模拟,并要求驾驶者同时执行特定的认知任务。

一项针对驾驶中的双任务的研究显示,执行表现并没有因为听电台或是有声电子书而受到影响。然而,对认知要求更高的任务,例如就某个话题进行讨论,确实会干扰驾驶。它不仅导致受试者忽略模拟交通灯的情况翻倍,还降低了他们的反应速度。事实上,一边开车一边打手机，其效果与酒后驾车差不多。根据美国人体工程学与工效学学会（Human Factors and Ergonomics Society）的估计，美国每年因驾驶员一边开车一边打手机，造成了2600例死亡和330 000例受伤事故。

另一项针对双任务能力的研究特别探索了它与工作记忆的关系。研究者使用了一台看起来像半台萨博9000的驾驶模拟器，用投影屏替换了前挡风玻璃，营造出一种在高速公路上驾驶的感觉。所有的受试者被要求与前面的车辆保持合理的车距，并且在车距过近时踩下刹车。这一项任务一开始是在没有其他协同任务的干扰下进行的，随后受试者被要求一边驾驶一边记住并复述出由研究者念出来的词汇，以此测试他们的双任务能力。在这种情况下，受试者的反应时间比起在专心开车的时候要慢0.5秒。对于工作记忆容量更差的年过六十的受试者，双任务的影响更加显著——当工作记忆高负荷时，反应延迟大约达到了1.5秒。

看起来工作记忆要为双任务能力的限制负一定责任。在之后的章节中，我们将会审视造成这一限制的大脑结构。然而，首先还是让我们先来考虑一下与双任务近似的一种情况：在干扰下执行任务。

鸡尾酒会效应以及其他干扰

当琳达坐在她的开放式办公环境中一边读报告一边听她身旁同事的电话交谈时，她正在做的就是执行双任务。然而，如果她决定专注于阅读报告而把电话中的谈话以及环境中其他干扰摒除，那么就变成了在干扰下执行任务。所有无关的信息，例如旁边同事的对话，就成为了她必须试图忽略的干扰刺激。

工作记忆的要求与干扰之间的平衡,是很多研究者的课题,其中就包括在伦敦工作的心理学家拉维(Nilli Lavie)和德福克特(Jan De Fockert)。他们证明,执行增加工作记忆负荷的任务会对人们的心智能力提出很高的要求,此时人们也变得更容易受到干扰。他们的结果还指出,干扰的程度与脑内编码这些干扰的脑区的活动水平有关。

沃格尔(Edward Vogel)与其在俄勒冈大学的研究小组所进行的研究也得出了同样的结论,他们在一篇文献中指出,具有更高的工作记忆容量的人能够更好地忽略干扰。他们还使用了一种方法来检测顶叶中的电活动是如何随着工作记忆中的信息负载而变化的,通过这一技术,他们证明了工作记忆容量低的人无法区分什么信息是相关的而什么信息是不相关的。换句话说,我们可以认为这些人将干扰信息储存进了工作记忆,因此占用了那些应该预留给相关信息的脑容量。

沃格尔的研究所引出的一个问题是,这种信息过滤机制是如何控制的。为了研究这个问题,我和同事麦克纳布(Fiona McNab)进行了一个这样的研究:在进行每个工作记忆测试前几秒,我们会给受试者一个提示,告诉他们下一个测试中存在他们需要过滤掉的干扰信息,或者需要他们记住我们给出的全部信息。我们发现,这样一种指导性的提示会提高受试者前额叶皮层和基底核(basal ganglia)——一个大脑更深处的灰质结构——的脑部活动,这种活动能够预测受试者在稍后的测试中能多好地滤去无关信息。因此,这两个结构似乎可以控制工作记忆存储区的准入,其作用可以认为类似于"大脑的垃圾邮件过滤器"。此外,具有较高工作记忆容量的受试者的这些脑区活动也较强。

一个众所周知的干扰性案例就是"鸡尾酒会效应"。站在一大群互相交谈的人中间,你依然能专注于你对话的对象。你将你的注意力"聚光灯"投向对方,使你可以滤去你周围正在进行的其他谈话。但有些时候,例如你身后的某个人提到了你的名字,你的注意力会不由自主地被分散,从你的谈话对象转移到可能关于你的闲话上。

这可以被看作是个受控注意系统和刺激驱动注意系统之间取得平衡的例子。受控注意系统将你的注意力投向和你谈话的那个人,而刺激驱动注意系统则把你的注意力转向周边的其他刺激。

心理学家最近发现,人们在鸡尾酒会上的表现是不同的:有些人即使听到名字被提及还是始终将注意力专注在相关的对话上,但是大约3个人里面就有1个人会分心。这两类人的区别正在于工作记忆,那些具有最低工作记忆容量的人也是最容易分心的。这也与我们一开始在本书中的发现一致:我们需要工作记忆来控制注意力。当我们的工作记忆难以应付时,干扰和刺激驱动的注意系统就取得了主导。另一个例子是,工作记忆容量低的人往往不能专注于手头的工作,而是花更多的时间"神游天外"。北卡罗来纳大学的凯恩(Michael Kane)及其同事的研究正说明了这一点。他们给受试者分发掌上电脑(PDA),每当他们PDA上的一天8次的闹钟响起,受试者必须立即填写一张问卷,回答他们手头的工作是什么,他们是专注于工作还是在开小差。他们发现,工作的心智要求越高,工作记忆容量越低的受试者的神游程度也越高。

琳达能否成功摒除外界干扰取决于两个因素:她的工作对心智的要求有多高,外界干扰有多强。而工作的心智要求有多高,又取决于有多少信息需要储存在工作记忆中以及她的工作记忆容量有多大。

琳达的工作记忆容量可能会受到她的情绪或者精神状态的影

响：如果她家里有个宝宝令她整夜不能合眼，那工作记忆就会因缺乏睡眠而被削弱，工作会变得更困难，干扰则变得更具有干扰性。此外，工作记忆负荷还取决于文本的难度，含有长句子和生僻词汇的文本对心智的要求也较高。

在这种情况中，我们发现，工作记忆表现和干扰就好像是天平的两边，而天平平衡与否则决定了我们在高要求的工作记忆测试中是否能获得成功。如果我们身边存在很多干扰，我们就需要有很好的工作记忆容量来处理任务。所以，如果我们的工作记忆中有很多信息，比起仅有少量信息的时候，我们更容易心烦意乱。现代信息科技社会伴随着干扰水平的空前升高，也对我们的工作记忆提出了更高的要求。

手机是个神奇的设备，但它也令我们置身于"鸡尾酒会"的处境中，我们一整天都得努力忽略不相关的对话。另外举一个例子，开放式设计的办公室增进了员工之间的沟通，但它造成了更大程度的干

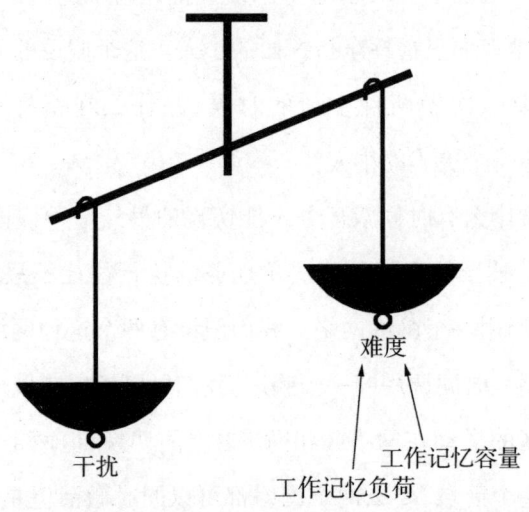

图6.2　干扰、工作记忆容量和工作记忆负荷之间相互关系示意图

扰，对我们的工作记忆提出了更高的要求。

当我们同时做两件事情时大脑中发生了什么？

究竟我们的大脑是如何组织的，使得我们在同时做两件事情的时候时而失败时而应付自如呢？心理学文献提出，双任务需要一种额外的功能参与，它往往被称为"中央执行系统"——也就是心理学家巴德利提出的工作记忆三组分中的那个"协调因子"。那么，是否有可能在大脑中找到这么一个中央执行系统呢？一些科学家认为是有可能的。德斯波西托和他的小组在受试者依次执行任务以及同时执行任务时，分别检测其脑部活动，他们发现，有一些脑区，包括额叶在内，只有在同时执行两个任务时才会被激活。他们认为这就是中央执行系统在神经学上的等价物：一个用来协调和监控其他脑区所发生活动的独立的模块。

然而，"中央执行系统"这个术语被批评为编造出了一个在大脑中的小人，坐在那里指挥东指挥西的小人。这个假说的问题是，当**这个小人**需要一次做两件事情的时候，是什么在指挥**他的**脑部活动——莫非是个更小的小人？

关于为什么有时候双任务不能实现的另外一种假说认为，两者都需要调用某个特定的脑区。单任务的执行往往不只涉及一个脑区，而是要调用一个脑区网络。我们假设有两个这种网络，网络 A 和 B，需要在同一时间调用同一个脑区，我们可以想象造成冲突的原因：要么该脑区的活动在网络 A 和网络 B 之间切换，但两个网络都不能完全调用这个区域；要么两个网络都可以同时激活但是并不会非常有效，因为在重叠部分会出现互相干扰。如果愿意，我们可以这样来描述这种状况：该区域超负荷运作了。

所以，现在有两种不同的假说来解释协同执行和工作记忆之间的关联。假说1认为，协同执行需要有一个额外的更高级的处理中心来协调两个网络之间的活动。为了解释为什么两个任务的执行情况不如一个任务，我们还必须假设这个处理中心在履行自己的职责方面并不完美。假说2（即重叠假说）认为，两个任务互相干扰的原因在于它们需要在同一时间调用同一个皮层区域。然后，造成这种干扰的罪魁祸首还是那个处理工作记忆的大脑系统。

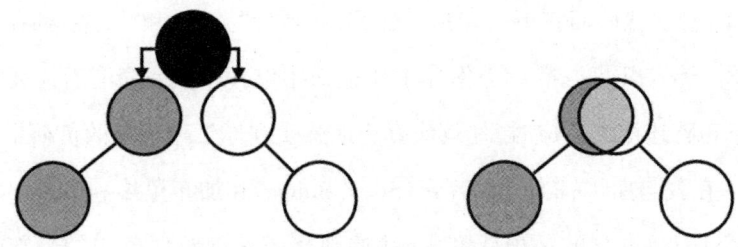

图6.3　关于大脑如何处理协同任务的两种假说

为了检验这两种假说，我和同事们让受试者进行一项视觉工作记忆任务，或一项听觉工作记忆任务，或是两者同时进行。执行的同时，我们观察了他们的脑部血流情况，并试图找出任何可能与这两种理论中的任何一种有所吻合的线索。我们没有找到仅在协同执行任务时额外激活的脑区，然而，我们确实观察到支持第二种假说的两个网络之间的重叠。在另一项研究中，我们还观察到，两个任务重叠时的脑部活动越剧烈，两个任务之间的干扰越强。

有一项心理学家都很爱用的非常复杂的协同任务测试，揭示了阅读理解测试中的表现和成功率之间极高的相关性。在这个测试中，受试者会听到一系列陈述，而他们需要回答这些陈述是正确的还

是错误的。他们还必须记住每句话的最后一个词,以便在实验最后把它们复述出来。比如说,你听到的如下陈述:

狗能游泳

青蛙有耳朵

飞机比空气轻

手臂有膝盖

鸟会飞

对第一句话,你必须回答"对的",并且将"游泳"这个词存入你的工作记忆,然后回答下一句是"错的",并且将"游泳"和"耳朵"都存入工作记忆,以此类推。当你在工作记忆中储存了5个词汇后还要对第6句陈述作出反应时,你就能真切地感受到你工作记忆的负荷了。

在我与斯坦福大学的邦奇(Silvia Bunge)和加布里埃利(John Ga-brieli)一起进行的一项研究中,我们观察了这种双任务中的脑部活动。我们再次发现,除了那些在对陈述句作出反应或是记忆词汇时激活的脑区之外,并没有其他脑区参与。确切地说,额叶在执行协同任务时被更多地激活,但是我们并没有观察到在执行单任务时**没有**被激活的脑区。

所以,我们的协同任务实验否定了假说1,包括戈德曼-拉科齐在内的耶鲁大学研究小组的结果也支持我们的发现,他们也没有在协同任务中发现额外的脑区。然而,更近期的研究使用了更加复杂的任务,要求在工作记忆中储存任务A和任务B的信息的同时,进行两个任务间的切换,并且这种切换是完全随机而不可预测的,这一研究为寻找专门负责协同任务中的特定脑区的努力带来了新的生机。所以,就这个问题,目前仍不能下定论。不过,无论是否存在一个额外的脑区会在某些时候参与其中,重叠假说实际上已经足以解释两个任务为何会互相干扰了。

因此,我们能把多任务执行到什么程度,往往与我们的工作记忆的信息负荷有关。如果多任务中的一个是无意识的行为,例如走路,一般我们都能应付自如,即使是在执行其他占用工作记忆的任务时也没有问题。这种被归入"无意识行为"的活动,往往不需要额叶皮层的活动。然而,凡是工作记忆的任务都不可能是无意识的,因为它所储存的信息都需要通过额叶和顶叶皮层的持续活动来编码。这也是同时执行两个工作记忆任务时如此困难的原因。

统一容量假说

新皮质上的重叠区域会形成一种信息处理的瓶颈,因此,我们协同能力的局限可能也归因于几个脑区的容量限制。其中着实有趣的是,在协同实验中观察到的重叠部分——位于顶叶和额叶——正是那些对工作记忆容量至关重要的脑区的一部分。

我们从各种不同的心理学实验中了解到,工作记忆容量是如何与我们的双任务能力以及屏蔽干扰能力密切相关的。在之前的章节中,我们看到了这一容量在我们的童年期如何发育发展,在成年后如何改变,以及如何看起来由几个关键区域决定——顶内沟以及额叶。此外,我们还看到了协同任务的研究将协同能力的瓶颈所在指向了这两个区域。

当然,在本章节所涉及的范畴之外还有很多种协同状况,例如我们无法应付两个不同却几乎同时发生的刺激,比如电话铃和门铃同时响起,或是无法同时执行两个复杂的运动任务,比如一边跑步一边玩抛接球杂耍，或是一边摩擦腹部一边轻拍头顶。在这些协同任务中，我们的能力局限与工作记忆并无关系。然而，对于大多数具有很高认知要求的任务来说，似乎两种不同的现象——工作记忆的局限性以及协同能力的局限性——可以归因于同一个机制：顶叶和额叶中的关键区域或者说重叠区域的容量限制。在多数情况下，我们的协同能力以及应付干扰的能力似乎都可以归结于我们的工作记忆容量。由此，可以说我们已经发现了石器时代的大脑的几个瓶颈——那些决定我们处理信息洪流能力的脑区。

在下一章中，我们将不再就神经元以及fMRI研究进行深入探讨，而是要从另一个角度去阐明石器时代的大脑与信息洪流的问题，去看一下针对脑区容量的起源，现在都有哪些不同的理论。在我们讨论大脑的局限及潜力时，先来检验一下大脑发展出容量之时的初始条件是不无道理的。也许最引人注目的问题并不是为什么我们处理信息的能力会有上限，而是最初我们为什么会演化出这种能力。我们现在所生活的数字信息时代似乎为我们提供了所有的资源，甚至是过多的资源，但是我们与生俱来的大脑，基本上可以说与那些4万年前的克罗马农人的大脑没什么区别。这种情况合理吗？

第七章

华莱士悖论

1858年,达尔文(Charles Darwin)收到了一封来信,寄信者是一位名叫华莱士(Alfred R. Wallace)的年轻探险家。在信中,华莱士介绍了他关于物种起源的一个想法,这是他在马来群岛的某个小岛上因疟疾而卧床养病期间独立形成的一个理论。达尔文吃惊地发现,他的观点与自己当时尚未发表的理论非常相似。这封信促使达尔文加快了出版自己书稿的步伐,次年其巨著《物种起源》(The Origin of Species)即发表面世。

此后数年,华莱士与达尔文一直互相交流他们关于进化的想法,他们的观点在很多方面是一致的,不过在理论的某些论点上不能互相认同。其中值得注意的一点是,华莱士一直不能接受除了适应性(adaptivity)以外的其他法则,也就是说,他认为进化的驱动力只有一个,那就是物种出于生存需要而根据周边环境进行最优的适应性改变。

达尔文则提出了其他的可能性,包括性选择(sexual selection),即某些物种特征之所以得以巩固强化是因为它们能够在交配中获得某种优势,而非直接具有生存价值。雄孔雀漂亮的尾羽就是一个性选择的典型例子。尾羽在进化过程中不断发展,但这不会对飞行或觅食产生任何帮助，因此这并不是对生活环境的适应性表现。它唯一的优势在于，雌孔雀对于漂亮的尾羽存在偏好，因此尾羽漂亮的雄孔雀会比其他对手拥有更多生育后代的机会，因此进化的方向就指向了更大更漂亮的尾羽。

华莱士在思考人类登峰造极的适应性时所遇到的最大谜团，就是人类大脑的发育。他在很多方面超越了他所处的时代，其中一个很重要的方面是：他相信一个原始部落原住民的大脑并不比当代欧洲的哲学家或者数学家低劣。他的这个观点一部分是基于两者在大小上完全一致。然而，从某种意义上来说，这一现象与原住民所过的那种看起来非常简单的生活有些不符：为什么进化会给予早期人类如此过剩的智力空间？用华莱士自己的话来说：

> 一个比大猩猩的大脑稍大一点的大脑即可……完全胜任一个野蛮人有限的心智发展需求，而我们必须承认，他拥有的这个庞大的大脑绝不可能是由任何的进化法则独自支配的，因为进化的原则是，它只会令组织的程度恰好达到每个物种实际需要的程度，绝不会超过一点。

华莱士一直没能解开这个悖论，最终只能用上帝的干预作解。他相信这个星球上的万物都是在自然选择和适应中演化而来的——除了人类的大脑以外，它是由神创造出来的。在此之后，科学家又发展出另外一种解释。在我们选择宗教之前，不妨来看看这种解释。

工作记忆的进化

尽管在历史的长河中微小的遗传学改变从来就没有停止过，但是克罗马农人的大脑与现代人类的大脑的相似性依然远远大过不同。脑的大小在4万年的时间里没有改变过,并且任何细微的遗传学改变也不能解释发生在进化时间轴这一端的科技和文化发展。如果要把我们与生俱来的各种身体机能归因于对某一特定环境的适应性改变的话,我们有必要透过历史的迷雾回顾一下过去。

如果我们要推测4万年前发生了什么,这样的讨论难免会有点含糊不清,史料文献中也鲜有蛛丝马迹可供追索,关于工作记忆的进化问题更是如此。所以我在这里权且将探讨的话题拓宽一点:让我们从关于智力发生发展的理论说开去,再来看看这些理论在多大程度上能应用于工作记忆。

关于为什么认知能力会被发展出来的一个不错的猜想是它可以服务于社会交往,甚至达尔文本人也提出,人类之所以进化出智力,乃是对集体生活的一种适应。利物浦大学的进化心理学家邓巴(Robin Dunbar)也证明,在灵长类动物中,大脑皮层面积与总脑容积的比值与该物种在自然条件下形成的群落大小成正比。皮层越大,社会群落的规模也越大。如果这一定律对人类也成立,那么一个自然形成的人类群落的规模应该是150人左右。这个数字似乎与对采猎时代人类氏族部落规模的某些估计值相吻合,尽管在大多数时候实际规模会较小。

但是,工作记忆究竟是如何服务于社会交往的呢?也许它的用处是在与其他人类交往过程中理解对方及其兴趣,或者仅仅是从群体的其他人那里骗取食物或寻找配偶时有用——"他觉得我认为他在想……"——这种把戏有时候是挺复杂的。圣安德鲁斯大学的心理学家伯恩(Richard Byrne)和怀滕(Andrew Whiten)建立了一个理论来说明社会游戏在大脑发育中的作用,他们还根据那位教授统治阶

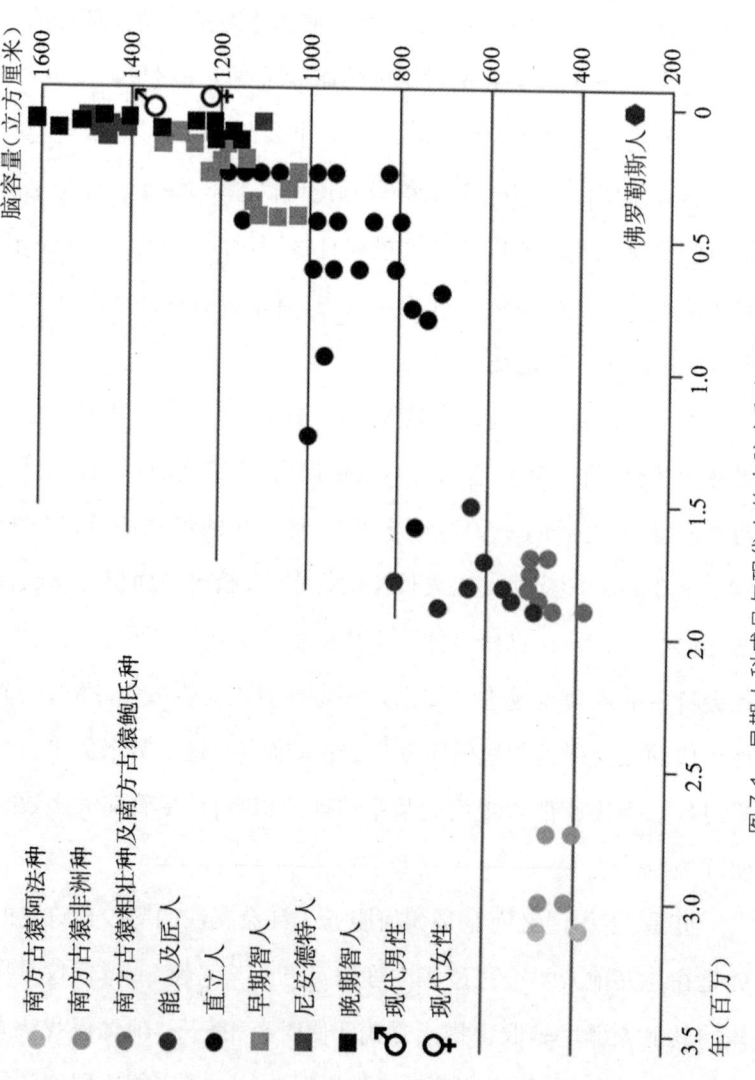

图7.1 早期人科成员与现代人的大脑容积（邓巴，1996）

级权术的著名意大利作家和政治家之名,创造出了"马基雅弗利智力"(Machiavellian Intelligence)这样一个术语。这种人看待所处的社会环境的方式,与棋手看待棋盘如出一辙,心里盘算着各种博弈的招数。

另一种理论认为,智力和工作记忆的成长是因为语言的出现。语言要求我们对任何我们想要表达的内容进行符号表征,如果我们要理解一句话就必须记住句子各个不同的成分。因此,当我们发现工作记忆容量与阅读理解能力高度相关时,也就不会感到太过意外了。由此可以推论,语言的出现导致了4万多年前的一场技术革命。正是在这个进化上的井喷之后,我们在法国西南部的克罗马农洞穴中看到了最早的壁画,钩子和倒刺鱼叉等先进的工具,以及稍后出现的具有象征意义的人造物件。

有了语言,早期人科成员可以做计划,相互合作,并将知识以此前不曾有过的方式一代代传递下去。他们由此创造出来的更复杂的生活环境,又催生了更复杂语言的出现。在《符号物种》(*The Symbolic Species*)一书中,迪肯(Terrence Deacon)提出,语言是在与技术和文化的循环反馈过程中不断进化的。

邓巴则倾向于认为,语言的发展与社会环境和社群扩张密切相关。集体生活需要维护友谊的纽带,在黑猩猩的群落中,这是通过互相捉虱子来实现的。当群落的规模超过某一个限度时,梳理毛发就不是一个很有效的选择了。邓巴提出,语言——或者更确切地说"闲谈"——能够代替互捉虱子来发挥作用,它的主要意义就是维护社会关系。而且,只有大量个体的参与才能培养和发展一种语言,这就需要群体足够大。因此,语言既是群落扩张的前提条件,也是群落扩张的一个结果。

对于智力发展的一个不太常见的解释是性选择。为了能够取悦异性并展现个体的基因优势，我们进化出了智力，而不是其他有生存价值的特征——正如雄孔雀那漂亮无比却毫无用处的尾羽。这个理论的提出者是新墨西哥大学的进化心理学家杰弗里·米勒(Geoffrey Miller)，他认为没有显著生存价值的活动，例如舞蹈、音乐和艺术，皆是出于对异性展现智力和遗传优越性而发展出来的。米勒还猜测说，也许这个理论可以解释为什么那么多年轻人梦想着成为摇滚歌星。

智力是一种副产品

用关于早期人类生活的假说来解释我们的心智能力的尝试总是那么引人入胜并能激发我们的想象力。近来进化心理学也变得越来越流行[这一定程度上归功于平克(Steven Pinker)的那些书]。这些理论的问题在于，它们几乎是不可能被证明的，当然，被推翻的可能性也一样渺茫。我们关于史前社会的了解都来自石头和骨头，而那时人们如何说话、如何思考，以及如何组织他们的群体，我们无从得知。当然，我们可以提出一些假设去解释任何我们想解释的东西，但是它们终究只是假设。诚然，社交博弈也是由一个个需要用到工作记忆的难题构成的。但是我们如何去量化分析20万年前或是4万年前的社交的复杂性呢？语言交流需要工作记忆的参与，但是旧石器时代晚期语言的吐字发声又有多复杂呢？

古生物学家及进化理论家古尔德(Stephen Jay Gould)对进化心理学提出了最为严苛的批判。他的异议之一就是，进化心理学理论可以解释人类发展的任何一个方面的问题，但是这些解释都是基于一系列主观妄断的假设。在他眼中,进化心理学最主要的问题其实是,这个学科本身就是基于一个关于适应的顽固信仰:把我们与生俱来的身体器官理解为一套为了最优化地适应人类蒙昧时期某些特定环境的需要而发展出来的工具组合。正是这样一种想法将华莱士引入了他自己的悖论中。古尔德则认为,这本身其实是个逻辑谬论,即使是达尔文也不曾表示过适应是导致物种进化的唯一原因。

通过性选择的进化就是适应性进化之外的另一条道路,古尔德还提出了另一种进化的可能性:也许某个器官在某个特定的进化时期起到某一作用,在另一个时期则服务于另一种用途。我们的身体也充满着进化上的副产品,在它们出现的时候也许并没有什么用,但是也许保留下来也不需要多少成本。比如说,我们现在知道,单个遗传突变往往不是导致一项变化,而是数项变化。如果这些变化中的某一个对于生存有价值,而其他的变化又是中性的(即对于生存没有好处也没有坏处),那么所有变化也许都能被保留下来,因为它们都是与同一个突变连锁的。

古尔德举出了很多发育和进化上的副产品的例子,包括男人的乳头和大熊猫的拇指,后者其实只是大熊猫的手掌中被称为桡侧籽骨的一块小骨头。在人体中,这块骨头比豌豆还要小。大熊猫的这块骨头发展成了一根额外的拇指一样的东西,主要在卷起竹叶和笋尖的时候发挥作用。在大熊猫的足掌中也长着与桡侧籽骨对应的骨头,只是更短一些。然而,这块骨头却是完全没有功能的。很有可能这两块骨的进化是连锁的,也就是说前肢和后肢的籽骨增长是同一组遗传突变导致的。两个突变中的一个——也就是手掌的突变——是有功能的,所以两种突变都被保留下来了。另一个突变——也就是足掌的突变——是一个没有功能的进化突变:一个副产品。因此,认为每个器官都恰好满足某一个特定功能,然后就在进化史上搜寻这个功能,这样的假设是站不住脚的。我们的身体上到处都有非适应性的现象,古尔德反驳道,我们的大脑也许可以算是其中最典型的了。脑中专门负责阅读相关功能的皮层就是个很好的例子,这个脑区显然不可能是为了适应当年自然环境中的文字而进化出来的。

说到大脑,单个遗传突变很可能导致皮层上多个脑区超常发育。只要这些改变的脑区中的一个在那个进化的关键时期能够产生更大的生存价值,这一系列的脑区改变就都能够被保留下来。而其他受到这个突变影响的脑区,可能要到数千年之后才慢慢具有实用价值。

古尔德对于进化理论的批判得到了很多科学怀疑论者的认可,其中包括我自己。大脑中充满了副产品这一理念,也暗示了它充满了我们做梦也没想到过的可能性。这种想法真是太妙了。

那么我们来总结一下:进化心理学理论将我们的智力——可能也包括我们的工作记忆——的出现归功于我们社会化的生存环境、语言以及复杂文化的发展。其他理论则将其归结为性选择的结果或是副产品。当然,各种不同理论综合作用的结果也是可能的。

进化有可能赋予我们一个可将符号表征储存在工作记忆中并进行操作的脑区,这个脑区也许让我们具备了学习语言或是应付社交的能力,因而产生了生存价值。如果这个脑区是多模态的,也就是说无论是言语的还是视觉的符号表征都可以被储存在工作记忆中,那么我们也许就可以运用同一个脑区去设计用来捕获猎物的陷阱,或者,在数千年之后,去求解微分方程以及雷文矩阵。

如果我们接受一个绝对适应主义者的进化论视角,并把工作记忆看成一个对4万年前所处的生活环境和需要进行适应而演化出来的工具,那么我们在如今这个更加复杂、要求更高且愈来愈如是的环境中生活就会面临困难,这便是当石器时代的大脑遭遇信息洪流时出现的华莱士悖论。跳出这个悖论的一个办法就是,假设我们的心智器官要么是作为副产品而出现的,要么是性选择的结果,因此在人类发展的早期阶段我们就被赋予了超越环境需求的潜力。

还有另一个可能——而且可以算是最大的王牌——就是大脑的可塑性。虽然从遗传学的角度来说,我们与克罗马农人几乎是一样的,但是我们大脑的能力有多少是天生的,有多少是后天培养的呢?我们与生俱来的这一套工具的完善程度如何?而在我们出生之后这套工具又能被改造到什么程度呢?

第八章

大脑可塑性

在前面的章节中，我们发现了数个可能对工作记忆容量而言至关重要的脑区，并把它们在大脑图谱上标了出来。20世纪90年代，随着新的脑部成像技术的发展而迅速流行起来的认知神经科学（cognitive neuroscience），很大程度上就是致力于绘制这样一种图谱，将各种不同的功能定位到各个不同的脑区。有时会有人贬损这一科学，诋毁它是一种现代颅相学（phrenology）。所谓的颅相学，是19世纪江湖骗子的把戏，号称能够通过感觉一个人头颅上的凹陷和突起来判断一个人的性格。不仅所谓的颅相学是非科学的，那些所谓的颅相学家对头骨的测量也被纳入20世纪早期的种族主义生物学（racial biology）。

其实，把认知神经科学与颅相学联系起来是把复杂问题过度简单化了。芒卡斯尔（Vernon Mountcastle），20世纪最伟大的神经学家之一（虽然他没进行过脑部成像实验），曾为颅相学进行过辩护。他指出，颅相学作出了两大假设：第一，不同的功能与大脑上不同的脑区有关；第二，颅骨的轮廓能够反映这些脑区所支配的功能。尽管后面的那个假设纯粹是一派胡言，但是第一个假设事实上被证明是正确的，并且还是一个重要的理论基石。

证明功能分区的最早的研究之一是由法国神经病学家布罗卡（Paul Broca）完成的。布罗卡收治了一位突然无法说话的病人，当这位病人去世后，布罗卡检查了他的大脑并发现在其左侧额叶有一处损伤。这是有史以来第一次发现某个特定的功能与大脑的某个区域之间存在联系。

20世纪初，布罗德曼（Korbinian Brodmann）对不同脑区的细胞结构进行了描述，并绘制了第一张大脑图谱。在这张图谱中，他将大脑分成了52个区，他在此图中所创立的命名法一直沿用至今。

PET和fMRI这类技术带来了功能性成像领域的巨大进步，科学家也放弃了一个脑区对应一种功能的简单想法。事实上，似乎每一种功能都是与一个由多个脑区形成的网络相关的，而同一个脑区又能参与到多个类似的网络中。尽管如此，图谱这种形式还是被保留了下来。在这拓扑学的思维模式下所隐喻的其实是凝滞不变的理念：图谱绘出的都是不变的东西——山川河流永远都是在那个位置。直到最近，研究者才开始专注于探索这些图谱究竟在多大程度上是可变的。

大脑图谱如何重绘

大脑是可变的，这可不是什么新思想。事实上，它是不言自明的。如果一个小女生在星期三没能回答出某个名词解释，但是经过回家学习她在星期四已经完全理解了"显花植物"的意思，那么她的大脑其实在这前后两天里已经发生了微小的改变。毕竟，除了大脑也没有其他地方可以储存信息了（写小抄除外）。然而，究竟大脑在何时、何处发生了什么改变，这是非常有趣的问题。

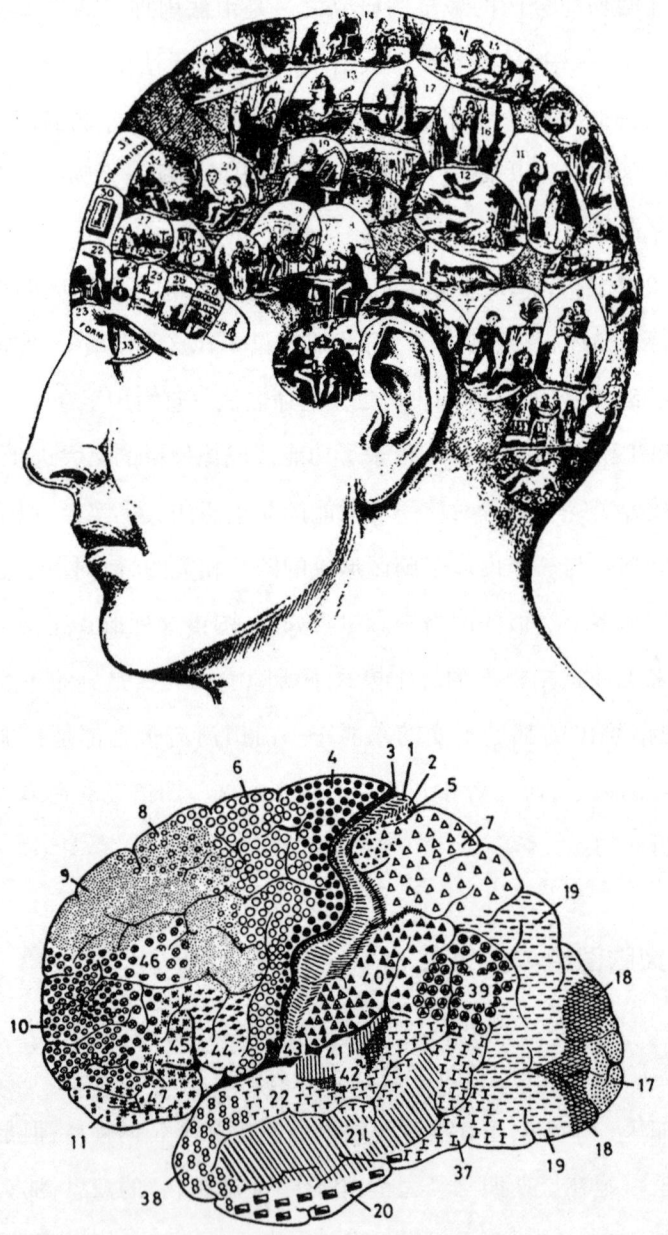

图8.1 上图为颅相学上的颅骨功能组织图;下图为布罗德曼根据不同神经元结构进行区分的大脑组织模型,该图绘制于20世纪早期,至今仍被用来命名大脑的各个部位

正如前面提到的,我们关于脑功能图谱如何重绘的知识,大多来自当大脑的某种信息输入被剥夺的状况。如果某个人失去了一部分肢体,就意味着大脑的某一块区域不再接受对应区域的信息输入,周边的脑区就会开始侵占这块区域。例如,如果来自食指的信息不再传递到与食指相对应的那块皮质,这块脑区就会开始萎缩,而周边脑区,例如接受中指信息的脑区,则会开始扩展。

这并不是神经细胞从一个地方迁移到另一个地方的问题。确实,在大脑的某些部位可能会有新的神经元形成,但尚未证明这些细胞在这些新皮质脑区中具有什么功能。事实上最先发生的事情是神经细胞的结构变化,如形成了一些新的小突起,同时失去一些已有的突起。这些突起上附着突触,介导该细胞与其相邻细胞之间的信息联系。神经突与突触的改变导致细胞功能发生相应的改变。如果此时再鸟瞰大脑,我们会发现,原来接受食指感觉信息传入的脑区,现在能够被中指的感觉信息传入激活。脑功能图谱被重新绘制了。

很有可能出于同样的机制,盲人的视觉皮层在他们阅读盲文时被激活。然而,盲人读盲文能激活视觉皮层这一事实,并不一定意味着他们用这些脑区来处理感觉信息。这些脑区在这种情况下究竟发挥着什么作用,目前我们并不完全清楚。也许他们的视觉皮层是被某些潜意识中的视觉化过程激活的。

一个非常基本的问题是,大脑各个部分的可变化程度究竟多大?它们在出生时就已经被赋予了某个特定功能,还是其功能是由接收到何种刺激来决定的?是由遗传决定还是由环境决定,天生的还是后天培养的?在这场辩论中,由麻省理工学院的苏尔(Mriganka Sur)所领导的科研团队作出了饶有趣味的贡献。他们在实验中,将动物向大脑传输视觉信号的神经接入处理听觉的脑区,这样一来视觉信号就传向了听觉皮层而不是原来的视觉皮层。结果发现这导致听觉皮层发生重组，使它看起来就像是视觉皮层。他们还发现，这些输入的信号实际上是可用的，实验动物在行动时可以依靠它们的听觉皮层来观察周遭。没有科学家明确地表示他们支持先天论还是后天论，但是，苏尔的结果表明感觉刺激在决定大脑如何组织方面具有至关重要的作用，进而支持了环境因素的重要性。

刺激的效应

上面的例子说明了在某种功能消失并导致大脑信息传入被剥夺后，脑功能图谱是如何重新绘制的。另一种类型的改变则是由刺激被强化导致的，也就是某一特定官能被有意识地训练而产生的。我们关于这一类可塑性的认识，主要基于20世纪90年代完成的一系列工作，因此可以说是相对比较新的。

通过训练来分辨音高就是这类可塑性变化的例子之一。灵长类动物可以通过学习来执行如下任务：连续听到两个音，分辨这两个音是否属于同一个音高，然后按下按钮进行回答。加州大学旧金山分校的雷坎藏（Gregg Recanzone）和默策尼希（Michael Merzenich）进行的一项研究表明：尽管猴子一开始只能分辨出差异很大的两个音高，但在经过数周多达几百次的反复训练后，它们的表现不断地进步，到最后，它们甚至可以分辨音高几乎完全相同的两个音。两位科学家在检测猴子在执行这一任务时听觉脑区中有哪些细胞被激活时发现，与未经训练的猴子相比，经过训练的猴子其大脑中被激活的脑细胞数量大大增加，听觉的皮层对应区的面积也更大。

在让猴子执行特定上肢运动的有关实验中也得到了类似的结

果:经过为期数周的关于简单灵活性任务的训练后,科学家发现被训练的手指所对应的运动皮层的面积增大了。这些实验的结果告诉我们,对应不同位置或功能的脑功能图谱实际上是具有高度可塑性的。

音乐和抛接球杂耍

有不少研究致力于发现长期练习乐器对大脑的影响。对于我们来说非常重要的一点是,我们已经观察到与运动技巧训练有关的改变。比如说,弦乐演奏家相比其他人,接受来自左手的感觉传入的皮层面积更大。卡罗林斯卡研究院的本特松(Sara Bengtsson)和乌伦(Fredrik Ullén)也证明,钢琴师传递运动信号的白质通路(white-matter pathway)更发达,并且其发达的程度与练习钢琴的年数成正比。

然而,学习乐器给大脑带来的是一种非常长期的影响。短期训练对于人们又有什么样的影响呢?在一项研究中,受试者学习了一套特定的手指运动顺序:中指—小指—无名指—中指—食指,等等。一开始,学习曲线非常平缓,犯错也很常见。然而在练习了10天后,他们就可以快速并完美地重复这套动作了。与这个结果一致的是,控制肌肉的初级运动皮层的活动显著增强。

另一项在讨论人类大脑可塑性时经常被引用的研究,是在"引言"中提到的抛接球杂耍。在该研究中发现,仅练习3个月就能影响枕叶某一部分的体积。这一结果证明,短期训练的效果就足以大到在相对不太精确的磁共振扫描仪上被测量出来。这种增强随后又部分退化的事实也告诉我们:可塑性是一把双刃剑,不活动一样能影响大脑。

我们说的"用"和"它"是什么意思？

随着我们对基于训练的大脑可塑性研究的逐渐深入，比如对抛接球杂耍的研究和对音乐家的研究——至少脑科学研究者和心理学家是这么看的——似乎证实了一句陈词滥调：用进废退。不过，尽管大脑的变化取决于你如何使用它，我们还是应该小心地避免将这个事实普遍化。当我们听到这种断言时，我们应该问的第一个问题就是这个"用"究竟是指什么。难道所有的活动都是一样的吗？以我们的身体来作个类比。我们知道，运动对我们来说基本上是有好处的，而大腿的肌肉在经历了一段休息之后会慢慢减少。与此同时，我们在办公室里日常对腿的使用，与我们在健身馆中做压腿时候的方法显然不同。究竟什么类型、什么强度和什么长度的心智锻炼才能产生效果呢？很可能，在低强度的"用"和高强度的训练之间存在着巨大的差别。

还有一件事我们必须记住："用进废退"并不是指整个大脑，而仅仅是指部分脑区和一些特定的功能。如果你练习区分音高，发生改变的只有听觉脑区，而不是那些额叶或枕叶的脑区。同样拿体育锻炼作类比。你握住一个沉重的哑铃，屈伸你的右臂，只要哑铃够重、重复的次数够多并且能够坚持锻炼数周，那么你右侧的二头肌就会变得健硕。但是如果我们说这种练习"能强身健体"或是"对身体有好处"，那就是一种容易引起误会的模糊的陈述。

在弦乐演奏家中，面积增大的是代表左手的感觉皮层区域，而不是右手对应的脑区。如果你练习抛接球杂耍，得到强化的则是与运动的视觉感知有关的特定皮层。

对"用进废退"的常见解读就是"……对大脑有好处",然而,练习某一种活动并不一定意味着它能全面锻炼大脑或是能总体上增强心智能力。特定的功能锻炼只开发特定的脑区。

在前面的章节中,我们对石器时代的大脑如何应付信息洪流的悖论给出了一种解释,即我们的大脑能够调节自身去适应周围环境和随之而来的更高的要求。在本章中我们已经看到很多例子,证明大脑是可以适应环境并可以通过训练来强化其功能的。没有理由认为这种可塑性在额叶、顶叶以及与工作记忆容量有关的关键脑区中不存在。因此,开发工作记忆在理论上应该是可行的。这种可塑性变化可以作为一种对特定环境的适应而被动发生,也能通过有意识且高强度地训练某一项功能进行强化。

如果你想开发你的大脑,你必须先选择一种功能和一块脑区。强化一块与抛接球杂耍有关的脑区对你的日常生活可能没有太大帮助,但锻炼一块与大脑常规运作有关的脑区可能就不算是浪费时间了。我们已经看到,顶叶和额叶的某些区域似乎是多模态的,它们不只与某种感觉刺激有关,而是在听觉以及视觉工作记忆任务中都被激活。开发一块多模态脑区很可能比开发一块只与单一功能(如听力)有关的脑区更有用。多模态脑区似乎还与我们记忆信息和解决问题的能力局限有关。

如果我们能够通过练习来强化我们的瓶颈脑区,几乎可以肯定地说,这对于很多心智功能来说都是有益的。但是我们能够做到吗?如果确实这么尝试了,那在何种人群中这种努力的效果最为明显?在我们日常生活中,工作记忆容量带来的最严峻的问题是什么?

第九章

ADHD存在吗?

信息社会的各种要求,以及它所带来的海量信息、协同状况、快节奏以及高干扰,令我们觉得自己就好像是患上了某种注意力缺陷症。正如我们所看到的,我们身边的很多挑战都能直接归因于对工作记忆的挑战。那么,就让我们来深入了解一下那些患有最严重的注意力障碍的人们,并且看一看他们的问题是否也与工作记忆有关联。

莉萨(Lisa)很少能准时出席会议。她一直带着她的PDA,这是一个电子日记本,她把她要做的所有事情都写在里面,然后PDA会在她要做什么事情的时候发出提示音来提醒她,比如说要准备开会了。尽管如此,她还是经常会因为一些琐事、突如其来的想法或者某种干扰而被搞得团团转,例如突然想起来要打一个电话而不是去收拾与会议有关的资料。她会因为一时兴起而去浇灌那些看上去有点蔫的植物,或是会带着一杯咖啡来到茶水间,然后在那里与同事开始了一个突然想到的话题,而自己本该做什么已忘得一干二净。最后的结果是,她不得不争分夺秒以期能准时到达会场。有几次,她甚至忘记要准时去托儿所接她的孩子。

问题在于这个世界的节奏太快了,她这么认为。或许是她脑袋里的东西流转得太快了？这个世界似乎充满了各种琐事和感官刺激，令她不能排出任何一种优先顺序来，而且她也不具备把一个想法保留在脑海中直到去有效实施的能力。

莉萨也想了一些办法来对付这种状况：她雇了一位助理来帮助她在工作上保持步调和方向，同时开始服用药物来让她感觉这个世界的脚步慢下来。这两个办法就像一对心智的闪光信号灯，令她可以避开具有干扰性的繁琐细节，以及那些她自己无力抵抗的一时兴起。

我们中的大多数人，或多或少都会受到注意力缺陷的困扰。我们对注意力的控制受到很多因素的影响，例如一天中所处的时间段、缺乏睡眠、压力、疾病以及年龄等。然而，有一种疾病就是由这种问题来命名的：注意缺陷多动障碍（attention deficit hyperactivity disorder，缩写为ADHD），在上面这个虚构的故事中，莉萨的表现就符合该种疾病。判断这种疾病的标准有18条，其中9条是与注意力有关的，另外9条是与冲动（impulsivity）和多动（hyperactivity）有关的。任何人只要符合9条注意力标准中的至少6条，就可被诊断为注意缺陷为主型ADHD，它有时候也被称为注意障碍（attention deficit disorder，缩写为ADD）。如果还符合9条多动/冲动标准中的至少6条，就可以被诊断为复合型ADHD。让我们暂时把多动放在一边，先来仔细审视一下注意障碍。下面就是医生作为诊断依据所使用的手册中列出的注意障碍标准：

1. 在学习、工作或其他活动中，常常不注意细节或因粗心导致错误。
2. 在完成任务或从事活动时，常常难以保持注意力。
3. 说话时常常心不在焉，似听非听。

4. 往往不能按照指示完成作业、日常家务或工作。

5. 常常难以有条理地安排任务或其他活动。

6. 不喜欢、不愿意从事,并常常设法逃避那些需要精力持久的事情。

7. 常常丢失学习、活动所必需的东西。

8. 很容易受外界刺激而分心。

9. 在日常活动中常常丢三落四。

从这些标准中可以看出,ADHD的诊断主要是关于儿童的。尽管在至少半数受此疾病影响的个体中,症状会在成年之后依然持续,尤其是在注意力和容易受到干扰方面,而多动的症状往往消失了。不少科学家认为,只存在注意障碍的ADHD亚型(即ADD)应该另辟一个独立的诊断门类,以区别于其他类型的ADHD。

成年人中的ADD,最近几年得到了越来越多的重视,这也催生出了五花八门的科学畅销书、网站和网上新闻小组。在互联网上有一个名为ADD在线论坛(CompuServe ADD Forum)的线上新闻小组论坛,在这个为患有ADD的人们建立的论坛里,你可以找到一种非常有趣的ADD定义。根据他们的说法:"你知道你其实得了ADD,当……"

◆ 你要去朋友家接你的孩子,你意识到自己已经开过了朋友家,你掉转车头,然后回家——孩子还是没有接到。

◆ 你闻到了水壶烧干后发出的焦糊味,你往那个水壶里加上水,结果在30分钟以后再一次闻到了焦糊味。

◆ 你打电话给一位友人,想要问她一件事情。当她在电话铃只响过一声后就接起了电话时,你已经忘记要问的问题是什么了。

◆ 你去卧室拿东西，但是当你到了卧室时却忘记了要拿什么。

◆ 你早上在微波炉里发现了一些食物，那是因为你突然想起昨天发生的某件事情，被分了心，忘记自己已经把食物放进去了。

◆ 你上一次准时出席会议是因为你忘记把你钟上的时间调回标准时间了。

◆ 你被介绍给某人，2秒钟后你就忘记了那个人的名字。

◆ 你因为想起自家花园里的自动洒水器没关，所以不得不把开会时候要讲的内容进行了缩减，但当你回到家的时候，你才意识到你根本就忘记打开它了。

◆ 你终于想起来自己要做的一件事情，当你好不容易把必须用到的工具找齐，便马上恭喜自己——因为你发现自己忘记的这件事情早已完成了。

◆ 你要吃药了，而且你也一只手拿着药片另一只手拿着一杯水。当你把这杯水喝完的时候，你惊讶地发现药片还在自己手里攥着。

ADHD是什么？

有人觉得，武断地根据9条定义得非常模糊的陈述来给出医学诊断非常荒谬。这种异议有一定的道理，像这样去应用一系列标准确实有些武断。然而，所有的精神病学诊断都有同样的情况：抑郁症、精神分裂症以及躁狂抑郁症，都是通过满足一定数量的标准来定义的。对于所有的精神病学诊断来说都还有一条额外的标准,就是问题已经严重到患者无法正常生活。我们总有些时候会觉得沮丧,但这与抑郁到早上无法起床或是试图自杀是完全不同的。处在后面那些状况下的人需要接受治疗,而为了判断哪些人已经达到需要医疗介入的程度,医生就要用到一套评判标准。尽管这可能并不是一套客观的衡量体系,但它已经是我们目前最好的手段了。

那症状的数量又是怎么回事呢？难道如果你只有5种症状就说明你健康而如果有了6种就是患病了？"诊断"这个词本身给人的感觉,就好像不是健康即是生病的黑白二分法。当一个医生决定是否给患者开处方药物时,他必须先把问题定性:有病还是没病。然而,在大多数科学家看来,症状的程度在人群中是呈正态分布的。这表明,注意力缺陷其实仅仅是个程度的差异,而不是说在健康人群之外存在着那么一群有注意力缺陷的人。我们可以拿同样符合正态分布的血压作类比。血压太高会导致心血管疾病,有些患者服用药物会有帮助。为了定义出需要服用药物的人群,我们限定了一个阈值,超过这个水平的人就会被诊断为高血压患者。类似"生病"以及"健康"这样的术语,对于正态分布的症状来说具有不一样的外延意义。

那么,ADHD会带来什么样的风险呢？患有ADHD的儿童在学校里会遇到困难,他们无法安定地坐着,无法做功课和学习他们需要学的东西。他们的注意力障碍会一直延续到成年期,导致他们在职业培训时出现一样的障碍。他们不能胜任工作的可能性比其他人高,因此具有更高的失业风险。从长远来看,他们也更容易出现滥用药物的情况。

关于ADHD,可以讨论的有趣问题有很多。异质性(heterogeneity)就是其中之一,它是指那些被诊断为ADHD的人具有各种各样由于不同原因引起的症状。大多数科学家认为,不存在单个明确的可以引起ADHD的肇因——没有任何证据指向单个基因、一种神经递质或是一个脑区。但是,究竟有多少肇因呢?是3个,15个,还是500个?

那些质疑ADHD诊断的人往往喜欢把注意力缺陷归咎于环境因素。因为一旦确诊,尤其当作出这个诊断的人是医生时,往往意味着存在病态,即我们的大脑里出现了一种不可修复的生物学缺失,即使改变环境也没有什么意义。但是,我们真的有必要把生物学因素与环境因素这样对立起来吗?很明显,ADHD是由个体功能器官以及所处环境共同导致的问题。同样明显的是,那些功能器官应该在大脑里——不然还会在哪儿?然而,生物学上存在先天的问题,并不意味着我们不能做些什么来应付和化解,因为我们在前面一章中已经了解了大脑的可塑性。

在美国,像山达基教(Scientology)这类组织反对将ADHD视为病症,并且对药物治疗有一种近乎宗教式的敌意。与这种无视ADHD问题的倾向不同,医生和科学家正联合起来捍卫这一诊断的存在以及用药物对其进行治疗的权利。而且,如果有人要就这一课题发表论文,他往往必须服从一整套严格的标准。但是,如果你去问那些处在第一线的研究者,他们也许会在私底下说,ADHD诊断标准已经过时,现在我们必须寻找一些更精确的衡量标准。虽然这一诊断标准过去在推动研究方面起过重要的作用,现在对于临床实践也非常重要,但这个诊群的个体差异性实在太大,这套标准事实上已经在妨碍我们去深入研究其致病原因了。一种可能的推进方法就是,将研究专注于功能而不是诊断——比如说,通过分别检测不同的心智功能,来了解它们是如何发生的以及能对它们做些什么。这并不是说将

ADHD视为一种病症是错误的,而是说研究者如果要取得进展,就必须做得比标准更加精确才行,这与其他科学领域中的情况是一样的。

所以,就"ADHD存在吗"这个问题来说,答案应该是:这个问题本身就有问题。患注意力缺陷的儿童和成人存在是个事实,但是这些障碍与不同的生物学基础有关,并且很大程度上是遗传的。经过比较同卵双胞胎和异卵双胞胎之间ADHD的症状,我们发现多达75%的症状是先天的,这是很高的比例。但是某一特定现象具有生物学基础,并不意味着我们能够就此简单地作出有病或无病的判断。因为,就像血压一样,它很可能按照一定比例增减。同样,这也不意味着它是固定不变的,或是我们应该用决定论去理解它。

工作记忆假说

1997年,巴克利(Russell Barkley),一位心理学家和顶尖的ADHD研究者,在他撰写的一篇文章中提出:与ADHD有关的很多问题都可能是由于工作记忆的缺陷导致的。这基本上只是个猜想,且当时实际检测工作记忆容量的研究也非常少。然而,如果审视那些定义了ADHD中有关注意力障碍的症状,我们往往会发现很多与工作记忆和注意力控制有直接联系的地方。

诊断标准2——"在完成任务或从事活动时,常常难以保持注意力",这几乎就是注意力控制的定义。我们之前已经看到,注意力控制与工作记忆是相互重叠的。任何在控制注意力方面存在障碍的人也可以被归结为在记忆要关注的对象方面存在障碍。

诊断标准4、5和6可以认为是在记忆指令,或是将下一步要做的事情储存在工作记忆方面存在障碍,这种障碍显然会导致一个人很难安排好自己的工作。诊断标准8是关于易受干扰,这个我们也已经知道与工作记忆容量有关。诊断标准9——"在日常活动中常常丢三落四",这过于含糊,以至于我们不知道究竟是因为长时记忆方面存在问题还是有其他原因,尽管它可能是某种形式的心不在焉。工作记忆并不是一切,而且患有ADHD的儿童还有着其他一些不能用工作记忆的局限性来解释的问题。但是,工作记忆的失效似乎可以解释很多由于病态的注意力缺陷引起的问题。

巴克利的文章引燃了关于工作记忆与ADHD之间的关系的研究热情,时至今日,已经有大量研究证明,儿童和成年人ADHD患者存在工作记忆缺陷。在一项由我们卡罗林斯卡研究院研究小组进行的研究中发现,患有ADHD的儿童不仅工作记忆容量较小,而且这种情况似乎会随着年龄的增长而不断恶化,ADHD患儿组与正常对照组儿童之间的差距越来越大。这是一个我们到目前为止都不知道该如何解释的观察结果。

如果我们还记得在先前的章节中关于注意力控制与工作记忆之间有所重叠的讨论,也许就不会对ADHD患者不能很好地应付工作记忆任务表示惊讶了。有几个生物学因素将ADHD与工作记忆捆绑在了一起:ADHD患者额叶和顶叶中那些对工作记忆非常重要的脑区,要显著地小于正常人群;他们的多巴胺(dopamine)系统——一个对工作记忆非常重要的脑内神经递质网络——有轻微的异常。例如,科学家发现某种编码多巴胺受体的基因变异型(等位基因)在患有ADHD的人群中更加常见。但是,我再次强调,在患有ADHD和不患有ADHD的人之间并不存在绝对的区分,某一个特定基因变异型可能在被诊断为ADHD的人中的阳性率是40%,而在没有被诊断为ADHD的人中仅为20%。

药片与教育法

对ADHD最重要的治疗方法,就是服用能够增加突触中可用的多巴胺数量的药物。这类药物的作用机制与安非他明(amphetamine)类似,因此也被认为是中枢神经兴奋剂。它们的疗效很显著,被称为现有的最有效的精神类药物之一。儿童用药后会在一个半小时内镇静下来,变得不那么活跃,也更加专注。纵向评估揭示,该药物不会产生持久的损害,也没有较大的药物依赖风险,不会引起大脑发育异常。怀疑者则认为,这类评估并没有真正意义上的对照组,并且这些研究是基于10—15年前低得多的处方量之上。怀疑者提出的另一个观点是,一项新近的全面的研究指出,药物治疗没有长期的效益。

药物治疗的一个令人感兴趣的方面是,它能够改善工作记忆:吞下一粒药片,你的工作记忆就能改善大约10%(或是说总体标准差的一半,如果你喜欢统计学的话)。这对有或没有ADHD的人都有效,效果有点像是小剂量的安非他明,而原因似乎就是它对于多巴胺系统的影响。凡是阻断多巴胺受体的药物对于工作记忆都有负面影响,而激活它们的药物都有着增强的效果。

除了药物治疗之外的主要对策,就是教育家长和教师,以帮助他们更好地理解和应对ADHD患儿的行为。目前比较受欢迎的一个培训项目被称为社区家长教育项目(Community Parent Education Program,缩写为COPE),它是由坎宁安(Charles Cunningham)设计的。这类项目主要是基于对希望出现的行为表现——例如在教室内坐着不动或是做功课——进行奖赏,以及管理冲突。同时,它们更注重指导如何处理儿童的反抗行为。因此,它们的主要专注方面不是找出问题的本质或分析孩子们工作记忆上的挑战并尝试去解决。

如果我们把这些障碍看作挑战与技能之间的失衡,那么就应该通过降低课堂工作记忆负担来治疗那些存在工作记忆问题的儿童。这种想法现在可以算是常识,但实际上在加拿大,它们早已被一个名为教授ADHD(Teach ADHD)的组织加以整理和应用。例如,下面就是他们就如何改善指令语言方面提出的建议:

◆ 一次只给一项指令。
◆ 指令的描述务必简明扼要。
◆ 重复指令的重要部分。
◆ 提供指令的视觉辅助(例如,一个待办事项的列表)。

某些现代教育理论认为,儿童应该像个小小研究者,自己独立提出问题,寻求解决问题所需要的知识,并最终解决这个问题。这听起来很棒。然而,如果你的工作记忆很糟糕,这种教育方法就会是个灾难。对于一个要自己组织材料的孩子来说,他必须先在自己的工作记忆中储存一个计划,这么做的要求比老师告诉他该去做什么要高很多。而且,当很多孩子同时开始实施他们自己的计划时,课堂内干扰的程度会大大提高。鉴于这些问题,这种教育方法只会增加工作记忆的负荷,那些有障碍的孩子最终只会落得更远。

类似的教育ADHD患儿的建议对有注意力问题的成年人一样有帮助。当面对一项复杂而艰巨的任务时,有些人可能会难以记忆下整套解决方案。因此,他们也许会觉得有必要把方案分解成一系列描述明确的小步骤,并把它们写下来。理清整个架构和组织的来龙去脉对于这些人来说,也是需要帮助的事情。对于那些容易被干扰的人来说，一张凌乱的桌子是一个非常严重的问题。他们在制定整理计划方面的不足，以及一系列与这种计划有关的问题——什么时候能干完，该如何整理东西，摆放盒子、标签、文件夹，等等，令他们的桌面上一团糟，尽管他们才是最需要一个干净整洁的工作环境的人。换种说法，这就是个恶性循环。

凯瑟琳·纳杜（Kathleen Nadeau），《工作场所中的ADD》（*ADD in the Workplace*）一书的作者，给那些处在混乱的办公环境中又有注意力缺陷的人提出了如下建议：

◆ 要求弹性工作制以避开干扰性最强的时段。
◆ 申请部分时间在家工作。
◆ 用耳机或白噪声（white noise）* 机来消除声音。
◆ 让你的办公桌背对人流。
◆ 申请在某段时间内使用独立办公室或是会议室。

综上所述，注意力缺陷是我们大多数人在面对严苛的工作环境，并且大脑被工作记忆无法负荷的过量信息淹没时都经历过的体验，"注意缺陷征"就是一个为了描述这样一种状况而创造出来的术语，我们可以认为ADHD或ADD是这种注意力缺陷的极端表现。本章传达给那些受到这种问题困扰的人们的主要信息是，寻求具有外部架构的帮助来降低干扰的水平，缓和精神上专注于计划的压力，这两种策略都能减轻工作记忆的负荷。但是我们难道不能同时从另一条战线上反击吗？我们能通过在天平的另一个托盘上加上点什么来提升我们的心智能力吗？

---

* 是指在整个可听声波频段上功率均相等的声波信号。由于在可见光波频段上功率均等的光是白光，因此这样的声波得名"白噪声"。——译者

第十章

认知健身房

　　熟能生巧。因为大脑具有可塑性，所以我们练习乐器可以引起控制精细运动以及感知音高的皮层面积发生改变，但是没有证据表明，我们不能用同样的方式训练大脑中与工作记忆容量有关的脑区。尽管如此，心理学家仍常常将工作记忆容量视为某种恒定不变的东西，某种不受外界影响的属性。

　　为了加以验证，心理学家做了一些实验，时间主要在20世纪70年代。他们在实验中试图提高受试者的工作记忆，包括那些患有学习障碍的儿童。在某项研究中，心理学家试图教会儿童完成工作记忆任务的策略。例如，如果儿童被要求记忆一串数字，那么实验者可能会指导他们在心里默念这串数字中的前几位，然后靠一种更被动的记忆来回忆最后几位。对于数字串来说，这是有效的，但是在其他心智活动中，它对受试儿童并没有什么帮助。换句话说，某种特定的技巧并没有任何后续效用。

　　在另一项近乎神勇的研究中，一位大学生试图死记硬背一串大声念给他听的数字。他每天1小时，每周3—5天，不停地练习了至少20个月。尽管有点缓慢，但他的表现确实在逐步提升，20个月后，他已经能复述79位数字了。这似乎与神奇数字7的理念有点不太相符。然而,这位学生的秘密在于他想出了一套策略,将数字编组并与他长期记忆中的某些信息联系起来,尤其是他记住的那些分门别类的体育纪录。所以,3492这样一串数字就变成了"3分49秒2,几乎相当于1英里*跑的世界纪录",诸如此类。在接受一轮训练后,他依然能够记得白天念给他听的绝大多数数字,这正说明他是通过调用他的长时记忆来实现任务的;而在他经过20分钟训练后对他进行字母串的记忆测试时,他只能记住6个字母。他的工作记忆并没有改善。

为了记忆而习得的策略,似乎对除了当初习得这个策略时需要记忆的信息外,对记忆其他信息都没什么帮助。但是,除了学习策略之外,在大脑可塑性研究中用到的方法,尤其是在灵长类动物中,就是重复性技巧学习。为了能对大脑产生足以观察到的效果,训练的强度必须足够,也就是说每天训练的次数及训练的总天数都要足够充分。而且,任务必须要有足够的难度,难度还要能通过自动适应的方法进行调节,以保证受训者的表现一旦进步了,任务的难度就相应提高。这些原则也可用于工作记忆训练。

对于工作记忆训练的附加效应,我们可以从理论上预测到些什么?训练的效果是针对一个特定的功能及其激活的皮层区域的。但是如果针对的是那些多模态的工作记忆脑区——就是不论你需要记忆什么,都能够被不同的工作记忆任务激活的脑区——以及如果这些脑区能够被强化,那么训练对于不同类型的工作记忆任务,至少应该都具有附加效应。而且,我们也已经看到,这些关键的脑区在执行其他任务时也会被激活,比如在解雷文矩阵的时候。所以如果工作

---

*1英里约为1609米。——译者

记忆容量改善了,附加效应就应该能够在运用这一功能解决问题的活动中被观察到。

记忆机器人

我在1999年年底开始对训练工作记忆这个概念产生兴趣。如果工作记忆真的能够被开发,可以想见会对那些工作记忆出现严重问题的人有极大帮助。而且,很可能在这类人群中,工作记忆的改进也最为明显。正如我们在第九章中看到的,ADHD患儿似乎就是这样一群人。

然而,我在研究中所使用的工作记忆任务都是极其枯燥的,例如记忆网格中圆圈的位置等。我的第一个难题就是,如何能让一群本来就坐不住的10岁大的男孩女孩,连续几周执行重复性强并且单调的工作记忆练习,而工作记忆恰好又是他们最有问题的地方。一种解决方案就是利用儿童电脑游戏的吸引力,给练习任务裹上一层方便吞咽的糖衣。两位游戏程序师,贝克曼(Jonas Beckeman)和斯科格隆(David Skoglund),曾经为10—12岁的儿童设计并编写了一系列寓教于乐的游戏。他们向我伸出援手,并给我的任务换上了一套迷人的外衣。因为不同训练的按钮均分布在一个机器人的身体上,这款软件最后被命名为记忆机器人(RoboMemo)。

从原理上来说,这个训练程序包含的工作记忆任务,与我和前人在研究中使用的相同。其中包括记忆一系列位置,或是记忆一串数字或字母。受试儿童每天练习这些工作记忆任务40分钟,但是每次都是全新的刺激组合。一旦他们的表现进步了,游戏的难度就会提高,因此他们就一直在挑战自己能够记住的信息的极限。为了进一步增加游戏的动力,我们引入了一个记分系统,令他们可以与自己进行竞赛并尝试打破自己创下的纪录。最后我们还引入了一种对一天辛苦努力的奖赏机制:玩一个小游戏,在这个小游戏中,孩子们可以使用今天训练中获取的积分。

经过一系列试验性研究之后,是进行第一次正式训练程序测试的时候了,在这次测试中,我们接受了14位患有ADHD的儿童。一般来说,评估训练的效果会遇到几个问题,在这个领域中的困难之一就是获得好的对照组。如果为了能确认对某一组患者的某种治疗的疗效,我们用某一种特定的任务去检测某一项特定的功能,我们就必须排除那些因为治疗后的那次检测是受试者第二次接受同样检测而产生的进步——这也被称为测试—再测试效应。因此我们必须要有一个对照组,理想状况下,它应该执行另一种任务作为对照治疗,从而可以排除所有这一治疗可能产生的安慰剂效应。

在对照组中,我们选择的电脑程序与训练程序类似,但其工作记忆任务较简单。在实验组中,训练程序的难度会随着儿童的能力进行实时调整,因此受试儿童是在记忆5、6或7个不同的数字;而对照组中的儿童只需要记忆2个数字。因此,对照组儿童的训练效果应该显著地低于实验组,就像是用200克哑铃锻炼的效果与用尽全身力气去举重的锻炼效果作比较。

两组儿童都接受了为期5周共25天的训练,并且在训练前后都接受了各种类型的测试。在我们分析数据时,我们发现,那些接受高强度训练的儿童不仅在经过训练的测试中的表现比对照组的改善更加明显,在不包含训练程序的工作记忆任务中的表现也明显更好。换句话说,似乎工作记忆是可以被训练的,而且这种训练会有附加效应。

这项研究的不足之处在于所使用的研究对象数量太少了。也有一些资深科学家指出，单独一项研究根本就不算研究。这是大多数研究者常常会遇到的尴尬境地，心理学家詹姆斯（William James）对此作了绝妙的总结："当某个事物是新的时，人们会说'这不是真的'。之后，当它的真实性已经非常明显时，他们说'这并不重要'。最后，当它的重要性不容置疑的时候，他们就会说'无所谓，反正不是什么新东西'。"

因此我们下一步的任务就是要把这一结果在一个规模更大的研究中进行确认。这项研究汇聚了4所大学医院、20多名负责不同事物的人员，有50多名ADHD患儿坐在家中或学校里的电脑前，进行了为期5周的工作记忆任务训练。通过使用我们自己特别设计的系统，受试儿童将他们的结果发送到医院的服务器中，从而使我们可以检测他们是否正确地进行了训练。在经过了2年的策划、测试和分析之后，我们拿到了我们所需要的对最初研究的确认：训练组工作记忆的改善要大于对照组。从非常严格的意义上来说，这一结果意味着那些进行过某种类型电脑辅助的记忆任务训练——例如记住一个4×4的网格内的一个位置然后点击一下鼠标——的儿童，也能改善他们在其他类型非电脑辅助的工作记忆任务中的表现，例如记住由心理学家随机点出的排列在托盘上的木块的顺序。

改善的幅度大约是18%，而且这一改善在训练完成3个月后再检测时依然存在。这意味着，如果有人以前能够在工作记忆中储存7个位置信息，现在他就能储存8个了。在记忆木块被标记的顺序方面得到改善听上去并不那么鼓舞人心，然而，这一结果所证明的是工作记忆事实上是可以通过训练来改善的。我们证明了，这个系统**并非固定不变**，工作记忆的容量是**可以**被拓展的。

如果我们能这样强化工作记忆，是不是也能因此在解决问题的技巧方面有所进展呢？为了回答这个问题，我们再次用到了雷文矩阵。即使在第一次那个规模较小的研究中，受过训练的儿童在雷文矩阵上的表现也有显著的改善。这一结果在稍后规模较大的研究中得到了确认，训练组的儿童在测试中的表现进步了大约10%，显著高于对照组的2%。

我们还要求儿童的父母用定义ADHD的那套标准去评估儿童每天的行为表现，结果表明父母觉得自己的孩子较为专注了，这似乎确认了我们进行这个研究的初衷，即确认ADHD的症状与工作记忆之间存在联系。

其他一些研究小组也已经用我们的方法验证了这些发现，其中包括吉布森（Bradley Gibson）和他在圣母大学的同事、卢卡斯（Christopher Lucas）与他在纽约医科大学的合作者。这些结果同样在斯德哥尔摩教育学院的达林（Karin Dahlin）和米尔贝里（Mats Myrberg）的研究中得到验证，在他们的研究中，受试儿童是在课堂上使用训练程序的。这一方法还在瑞典、德国、日本、瑞士和美国等诸多地方应用于治疗患有ADHD的儿童，帮助他们改善工作记忆从而增强集中注意力的能力。

在一项关于工作记忆训练法的大型研究中，我以前的学生、就职于卡罗林斯卡研究院衰老研究中心的韦斯特贝里（Helena Westerberg）测试了健康老年人的工作记忆是否一样可以得到改善。有100位受试者参加了这一项试验：其中50人的年龄为20—30岁，而另外50人的年龄为60—70岁。每一个年龄组的受试者又被随机分配到我们开发的工作记忆训练程序组，或是与之对应的安慰剂版程序组（使用的是简单的工作记忆任务）。所有受试者在训练前后都会接受神经心理学测试的评估。研究结果显示,在训练组中无论是老年人还是青年人,在非训练相关的工作记忆任务中的表现都得到了改善,在例如听一串连续的数字并把最后听到的两位数字相加这样的认知任务中的表现,也有所改善。受试者还被要求填写一套与日常生活的认知功能有关的问卷,其中包括与工作记忆有关的问题,例如,"你是不是经常在从这间房间走到那间房间之后忘记了自己要来做什么"。可能最令人惊讶的结果是,尽管这些是健康的受试者,训练同样也能使他们日常认知错误率得到显著降低、注意力问题得到显著改善,并且对青年和老年受试者都一样。这项研究再一次确认了工作记忆可以通过训练来改善的结论,还证明这对于老年人同样适用。它对日常行为的作用说明,我们每个人或多或少都存在注意力方面的问题,而且这问题与工作记忆有关。

大脑活动训练的效果

我们问过自己这样一些问题:工作记忆训练的效果能体现在大脑活动的改变上吗?为期5周的认知训练能够实现脑图谱的重绘吗?如果能,将发生在哪些部位?为了回答这些问题,我们发起了一项研究,用我们在ADHD患儿研究中使用的那套程序,来训练没有ADHD症状的年轻成年人。我们之所以在这项研究中选择成年人,是因为我们想要观察的大脑活动中的改变非常细微,如果不是在很长一段时间内对大脑活动进行非常多次的读数,分析研究结果就会变得非常困难。我们认为要儿童这样配合会很困难,尤其是他们很难长时间躺着不动,而这样做又是磁共振扫描所必需的。

为了评估大脑活动,我们在受试者先后执行一个工作记忆任务和一个控制任务期间,用 fMRI 对其进行检测。总的来说,在我们检测大脑活动的 11 个人中,有 8 个人在受训期内 5 个不同的日子参与了在磁共振扫描仪中接受的测试,为我们积累下了大约 40 小时的数据。

几个月后,描述了究竟哪些改变具有统计学显著性的第一批图像开始出炉。我们发现,训练增强了额叶和顶叶皮层的活动。这个发现有两个有趣的地方:第一,它证明了高强度、长时间的认知任务训练能够改变大脑活动,这与感觉和运动训练的效果如出一辙。就像在早期研究中,科学家发现通过训练对音高的敏感性,可以增加参与该任务的神经元的数量(详见 82 页)。如果同样的原理可应用于工作记忆,即训练使相关神经元数量增加,就可以解释为什么磁共振扫描中观察到信号有所增强。

第二,所记录到的变化发生的脑区也很有趣,不是视觉、听觉或是运动皮层,而是多模态的"重叠"脑区。而且,改变最明显的地方正是我们之前发现的、与工作记忆的容量限制有关的结构——顶内沟。

如果我们认真地去阅读科研文献,就会发现有相当数量的研究结果可以用与我们相同的方式去解释,即工作记忆和注意力控制是可以被训练的。其中有一项研究检验了一种被称为"注意力历程培训"(attentional process training)的方法。这种方法由一系列练习组成,例如将单词按照字母顺序排序,在干扰刺激中对特定目标进行定位,以及对单词进行归类。在受试者执行任务时,会有一名心理学家或助理在旁观察。在某一个实验中,研究者在罹患不同类型脑损伤的患者中进行了为期 10 周的这种训练,并且评估它的效果。在检测某些心理学功能时,心理学家们发现,受试者的视觉—空间工作记忆得到了显著改善(提高幅度约为 7%),在一项要求把听到的数字相加求和的工作记忆任务中的表现也有进步。有趣的是，他们在评估刺激驱动注意的测试中没发现有什么效果。

最近，在 2008 年，包括耶吉（Susanne Jaeggi）和约尼迪斯（John Jonides）在内的密歇根大学的一个研究小组，在一群年轻健康的成年人中确认了工作记忆训练的效果。这些受试者在为期 8—19 天的时间里对工作记忆任务进行了反复练习，训练不仅改善了他们在工作记忆任务中的表现，也提高了在雷文渐进矩阵（Raven's progressive matrice）上的表现，其改善程度与训练天数成正比。

尽管现在此类研究的数量还不是很多，但是证据明确显示工作记忆确实可以被训练。从这种意义上来说，工作记忆就与其他运动和感觉技能一样，对其进行训练就能带来它所激活的相应皮层脑区中的变化。参与将信息存入工作记忆中的那些脑区，与大脑的其他部位一样具有可塑性。我们这里所说的不是什么巨大的改变，对于工作记忆的改善只有大约 18%，对解决问题能力的改善只有大约 8%。但是这确实让我们看到，我们大脑处理信息能力的极限是可以被拓展的。如果工作记忆对日常生活中一系列的认知活动至关重要，而它又是可以被强化的，我们难道不应该经常去训练它吗？如果这样的效果是可以被观察到的，我们该把它运用到哪些活动中呢？

第十一章

脑力的日常锻炼

当你早晨醒来并开始安排你一天的会议、午餐、差旅和杂务时,你其实是在玩一幅脑内拼图,那些不同的碎片都被收入你的工作记忆中。然后你再在工作记忆中保存一份清单,列出你需要拼凑起来的那些项目,并在你要用到的时候把它们调取出来。

再过一会儿,当你在地铁里看报纸的时候,你运用你的工作记忆来保存每个句子从第一个字到最后一个字的信息。这项任务对工作记忆的要求很高,尤其是当你不巧在一群年轻人的身边,而他们正在热烈地讨论着昨晚的球赛或是上周末的派对时。诸如此类。我们每天从早到晚都在运用我们的工作记忆。那是不是意味着我们一直都在锻炼我们的工作记忆,而它应该每天都在持续地改善呢?

人类的大脑是大自然中最复杂的器官。尽管将大脑与肌肉相提并论简直是一种亵渎,但是至少对神经学家来说,用肌肉作比喻来说明工作记忆的训练原理还是很有用的。二头肌是一块位于上臂前方的肌肉,我们提起前臂时都会用到它。当我们拿起一张纸,在键盘前抬起手臂,朝嘴里塞进一块小零食,以及日复一日地做着这样或者那样的小动作时,都会用到二头肌。运动肌肉可以防止它像在瘫痪后那样萎缩退化,然而,二头肌不会在诸如拿起一张纸这样的行动中得到强化。如果我们要让它变得更有力，我们得使用更重一点的东西。翻阅一下健身读物，我们会发现最常见的建议就是，用我们差不多一轮只能举起10次的负重器械进行练习，这样的练习要一套做3轮，每周做3套，而且还必须这样系统性地锻炼上好几周才能看到效果。

不幸的是，我们对于脑力锻炼的了解比体力锻炼少得太多了。但是某些原则，例如每周花几天时间把自己逼到能力的极限并如此坚持数月，在这两种情况下是通用的。当我的科研小组在研究工作记忆训练对ADHD患儿的作用时，是在只有训练强度存在差别的两个组之间进行比较的：其中训练组所执行的工作记忆训练所含有的信息量与受试者的工作记忆容量相当，而对照组执行的任务则对认知能力没什么要求。我们发现，执行简单的工作记忆任务只能产生非常微小的记忆改善，只有当训练强度与儿童的极限相当时才能观察到实质性的效果。而且，任务的难度并不是唯一影响结果的因素：受试儿童必须至少每天练习半个小时，每周5天并坚持5周。

尽管每天各种不同的日常活动对认知的负荷差别很大，但我们有没有频频把自己的能力发挥到最大？我们解决一个几乎超越自己能力范围的问题的频率有多少？

爱因斯坦衰老研究

有研究表明，认知能力会受到日常活动的影响，其中就包括爱因斯坦衰老研究。来自阿尔伯特·爱因斯坦医学院的韦尔盖塞(Joe Verghese)及其同事对超过400位老年人进行了平均为期5年的观察，以确定他们的日常活动对于他们的认知能力有怎样的长期影响。尽管研究者主要关注的方面是痴呆症状的发展，但他们也会为老人测量IQ。在某些情况下，受试者还被要求接受心理学测试并描述他们业余休闲活动的细节，包括阅读、写作、玩填词游戏、桌上游戏（国际象棋）、参与小组讨论、弹奏乐器，打网球、高尔夫球、保龄球，游泳、骑自行车、跳舞、做健身操、快步走、多级登梯（即登楼梯时每步都在两级台阶以上）、做家务以及照顾孩子。他们还需要回答进行这种活动的频率：每天一次、每周多次、每周一次、每月一次、偶尔还是从不。训练的量会转化为一个分数，在这种评分系统中，1分大致相当于一项活动每周进行一次。因此，每天都会进行的某项活动得到的分数就是7分。

在对受试者进行了大约5年的随访之后，研究者再根据数据分析他们的活动是否会对认知能力产生效果。为了确保受试者最初的健康状况不会影响到后面的活动，研究者还依据对诸如教育、健康状态和初始测试结果进行了校正。

韦尔盖塞的小组发现，阅读、下棋、弹奏乐器和跳舞都与后期认知能力的相对改善以及患有痴呆的风险降低有关。然而，这仅仅在受试者能够每周进行数次活动时才成立——每7天才下一盘棋是不够的。如果他们的认知活动的总分达到了8分及以上，也就是说每周至少进行8次心智训练的话，他们发生痴呆的风险会降低一半。另一方面，体育锻炼（骑自行车、打高尔夫球、快步走等）的活动分数则对心智健康没有任何效果。换句话说，当该研究证明日常心智活动有效时，也提醒着我们这必须建立在一定强度的基础之上——这个原则对心智功能和肌肉都适用。

透过研究认知能力的改变，我们可以发现，在爱因斯坦衰老研究中被证明有效的训练，其实正是那些众所周知的对工作记忆和注意力控制有着很高要求的活动。下棋是训练效果最显著的活动。确实,预先想好接下来的几步棋招可能是我们可以做的工作记忆负荷最高的活动之一了,而这恰恰是我们在长达 1 小时的一盘棋中一直在做的事情,此时我们把工作记忆最大化利用起来的有效时间很长。同样被研究证明有效的是阅读,也要求工作记忆的参与(不过该研究并没有说明这是否与文字内容的复杂程度有关,虽然应该是有关的)。填字游戏作为非常流行的一种心智锻炼形式,有一点正面效应,但是几乎不具有统计学上的显著性。

认知活动对于预防痴呆有帮助。在由弗拉蒂格里奥尼(Laura Fratiglioni)、温布拉德(Bengt Winblad)及其在卡罗琳研究院的同事进行的研究中,也得出了同样的结论。他们花了数年的时间对生活在斯德哥尔摩国王岛上的老年居民进行了评估。然而,他们在体育活动方面的结果并没有如爱因斯坦衰老研究中的那么悲观。他们发现,认知、体育以及社交活动都能独立地强化心智健康。

所以,似乎日常活动有时候确实是有效的。但是,如果我们去检验训练的效果,我们必须要更加具体一点。"用进废退"指的是某个特定的功能或大脑的脑区。可惜的是,在爱因斯坦衰老研究中衡量的指标是痴呆症状而不是工作记忆,尽管那些痴呆症状发展较缓慢的受试者在 IQ 测试中的表现要更好。因此,在本章接下来的内容中,我们将要去看一些稍微精确一点的心智训练研究,以及这样的训练是如何影响心智能力的。

心智的衡量标准

那些对工作记忆有较高要求的日常活动的效应可能时时刻刻都

在发生,但是我们常常没有意识到。其中一个原因就是我们很难观察和衡量自己的工作记忆和注意力。以体育训练作为例子,锻炼对我们身体的维护效果相对要明显得多。我们可以很容易地衡量我们在健身房中的成果:我们能看到自己能举多少重量,跑一段既定线路有多快,并且能注意到自己不再因为一步上三个台阶而喘不过气来。我们还能亲眼看到那些壮汉身上的肌肉比自己发达,如果称体重的话,我们还能看到在开始运动之后自己减轻了多少。

　　工作记忆的容量以及注意力并不是那么直观明显,即使在工作记忆非常重要的场合,例如在学校里,它们也很难被观察到。某项活动表现的改善往往被归因于更好地掌握了知识和技巧:你数学水平提高是因为你把公式法则存储进了长时记忆,你乐器演奏进步是因为你把音阶学好了。表现在多大程度上取决于注意力也是非常难以确定的,但是,只要有一套衡量心智活动的标准,再加上对心智训练结果的明确反馈,我们也许有一天就能像在健身房计算体重或热量那样计算心智活动的分值。

　　很多研究都证明训练是行之有效的,只要它的强度接近我们能力的极限。什么样的活动对工作记忆要求最高,答案因人而异:对于学龄儿童而言,数学——尤其是心算——是最大的挑战。阅读属于自己不熟悉的领域并夹带大量行业术语的文章,或是通篇都是措辞艰涩的长句复杂条款,这会在我们思考或试图回忆某个深奥术语的含义时,对我们保存句子中所包含信息的能力提出很高的要求。另外,我们的家中也充满着挑战:我就发现自己经常因无法把一则长达两行的烹饪简章保存在工作记忆中直到烹调完毕(图11.1)而灰心丧气。但是因为我每周花不了那么多时间去做饭,所以也不指望烹饪能够带来任何训练效果。

图 11.1　日常生活中的工作记忆问题（贝里林版权所有）

禅与专注的艺术

如果工作记忆和对注意力的控制都是可以训练的东西，那么我们应该可以从历史中找到什么时候有人这么做过。让我们继续探讨注意力和训练的话题，不过把时间放到几个世纪之前。根据《禅师语录》（Dialogues of Zen Masters）所述，在大约700年前发生了如下这一幕故事：

有一天，一个人对一休禅师说："大师，您能不能给我写几句有大智慧的箴言？"一休立即拿起毛笔写下了"用心"二字。"仅此而已吗？"那人问道，"您不打算再加点什么？"于是一休连写了两遍"用心"。"这样啊，"那人相当不快地说，"我在您写的东西里真没看出有什么深度或妙意。"然后一休又把同样的词连续写了3遍："用心用心用心"。那人有些愠怒地问道："这个'用心'究竟何解？"一休平静地回答："用心就是用心。"

泰然自若的姿势以及半睁半闭的双眼构成了佛祖沉浸在冥想（meditation）中的形象，这是"专注"最经典的象征。东方式的冥想常常被认为是最纯粹的专注活动，事实上是否如此呢？我们这里提到的专注力是否与实验心理学和认知神经科学上的定义一样呢？冥想是否真的能提高这些技能呢？

凡夫禅

禅宗是佛教的一个分支，它的重点相对于神学而言更加偏向于禅定（meditation）*，有些人甚至更愿意视它为一种哲学而不是宗教。禅宗发源于佛教从印度经由中国传播到日本的过程中，从18世纪开始，禅宗在日本得到了进一步的发展。

在练习坐禅时，你要眼睛半闭地坐着，试着专注于你的姿势和呼吸。它没有经文，也不把所谓的灵光（inner light）赋予具体的形象。你要做的一般是数你的呼吸，每呼吸一下计一次数，直到数到10，然后从头数起。计数的作用是提醒你自己从什么时候开始你走神了——如果你忘记数到了几或是突然发现自己已经数到了16，你就意识到你的注意力分散了，然后你就应该从头开始计数。许多人相信，冥想与注意力训练极为相似。

日本禅宗大师白云禅师（Yasutani Roshi，1885—1973）将所有的禅修分成了5大类，其中第一类——凡夫禅（bompu Zen）是一种完全

---

* meditation一般译作冥想，但是在禅宗上有术语禅定与之对应。下文均作"冥想"。——译者

不包含任何特定哲学或者宗教内涵的修行：

> 通过修行凡夫禅，你能学会如何专注并控制你的心。对于绝大多数人来说，他们从来没有尝试过控制他们的心，而且很遗憾的是这种基础训练被当代教育拒之门外，因而没有成为所谓的"习得知识"的一部分。然而，没有它，我们所学的东西很难被留住，因为我们的学习方法不恰当，在学习过程中浪费了太多的气力。毫不夸张地说，除非我们学会如何驾驭思想、集中心智，否则我们不啻跛足而行。

这里提到的"驾驭"和"集中"心智的概念，看起来与注意力控制的理念非常接近。有趣的是，白云禅师是如此坚信这一技能对于众多心智活动至关重要，并且他对于此项技能尽管是可以被训练的却依然被学校教育所忽略是如此的惋惜——正如工作记忆和专注力一样。我们现在需要对"注意力控制"的练习予以更多的重视，并在接下来系统性地进行训练以强化它们。

科学与冥想

进入新千年，一些神经学家对那些以前觉得太"空洞"的问题的兴趣被唤醒了。如今，对于意识及其相关的大脑活动的研究已经被接受，冥想似乎也看到了复兴的曙光。多所美国的研究中心已经开始了对于冥想的研究，其中包括加州大学戴维斯分校、普林斯顿大学以及哈佛大学。在一次神经科学的会议上，坎威瑟(Nancy Kanwisher)，一位杰出的认知神经学家说道："注意力训练至今还很少被认知神经科学所涉及。"

关于这个课题，目前所发表的研究并不多。在几个医学和心理学数据库中检索时可以发现，关于冥想的放松效应如何用于减轻焦虑、肢体疼痛、应激、头痛和可卡因滥用，以及如何影响到免疫系统、皮肤电导及褪黑激素（melatonin）分泌等的科研论文不计其数，但是关于冥想在改善注意力方面的作用，目前还缺乏可靠的证据。

威斯康星大学的戴维森（Richard Davidson）主持了一项关于大脑和冥想的研究。在该研究中，他运用脑电图技术测量了由神经元活动产生的电流，实验的对象是8名有着1万—5万小时不等的冥想经历的西藏佛教僧侣，以及被要求在检测时以"无条件的爱"为主题进行冥想的10位大学生。

结果显示，僧侣的高频（γ）信号更强些，而这一信号又被普遍认为是对联系新皮质不同部位的活动非常重要的。但是，究竟该如何解释所观察到的僧侣和学生之间的差异，答案并不明确。

布瑞夫琴斯基-刘易斯（Julie Brefczynski-Lewis）和戴维森在2007年又发表了一篇关于佛教僧侣大脑活动的fMRI研究文章。当僧侣进入磁共振扫描仪时，他们被要求将注意力集中在面前屏幕上的一个点上。研究者们发现，相比于对照组，僧侣在某些脑区能表现出更强的脑部活动，而那些脑区正是已经被证明与注意力控制相关，且在工作记忆训练后活性增强的额叶和顶内沟。这项研究似乎也表明（尽管是间接地），控制专注与通过冥想开发出来的注意力之间存在着关联。

2007年发表的另外一篇比较13位修禅者和13位对照受试者的研究文章提出，练习冥想的人在某项计算机辅助的受控注意测试中的表现更加出色，并且灰质体积和反应时间随着年龄衰退的曲线更加不明显。

有非常非常多的活动形式可以被归入冥想的范畴,因此对于注意力和冥想我们可以说是不可能作出区别定义的。即使是被认为已经定义得相当精确的冥想形式——临济宗禅定(Rinzai-school Zen Buddhist meditation),显然也包含了至少5种不同的类型,每种类型都有着各自的目的。然而,权且不论修禅是否带来更多的精神回馈,这类冥想,例如凡夫禅,还是非常重视注意力控制的。戴维森等人所进行的研究也提示,某种类型的冥想对大脑的作用可能与我们所知的参与专注控制的系统有关。有时候,注意力就是"用心"。

目前以及未来的挑战

让我们回到当下,并且再次把目光投向周围环境中的改变如何影响我们所面临的心智挑战这个问题。很多对工作记忆具有极高要求的状况与新科技有关,例如学习如何运用一种新潮设备或是使用电脑程序。让我们假设你正在使用Word程序并想要对你的文本进行断字。由于根本不知道该怎么做,你打开了帮助功能,然后发现了这样一条信息:"1.打开'工具'菜单,指向'语言',点击'断字';2.选中'自动断字'复选框;3.在'断字区'输入框中,输入你希望在一行的最后一个单词和右页边之间预留的距离。"能将这条指导全部保存在工作记忆中的人值得我们用掌声鼓励。

社会的改变,伴随着与日俱增的复杂文本和指令、令人更加晕头转向的技术、协同工作状况,以及层出不穷的新软件,必然会日益加重我们日常生活中的工作记忆压力。本书接下来将会走出实验室,去看一看在不同情境下一些可能的训练结果的例子。近年,有一项活动变得越来越受欢迎,那就是玩电脑游戏。这东西有些什么效果？它真的如一些人所担忧的，会对孩子专注力有负面影响吗？还是事实上对此有改善呢？

第十二章

电脑游戏

居住在密歇根州的詹妮弗·格林内尔(Jennifer Grinnell)辞去了原先在家具公司的工作,目前已经全身心地投入到《第二人生》(Second Life)的虚拟世界中了。《第二人生》是一个大型多人在线游戏(massively multiplayer online game,缩写为MMOG),在游戏中,玩家通过互联网进入虚幻的3D环境,在这里他们可以四处游历,购买房屋和土地,创造属于他们自己的虚拟物品,例如家具和衣服,以及被称为"替身"(avatar)的虚拟角色。

詹妮弗的专长是设计衣服和造型,以供其他玩家买来给自己的替身使用。在进入《第二人生》1个月后,她在游戏中的收入就比以前在家具公司的收入要多了。3个月后,她辞去原来的工作,并把所有的时间投入到这个她与另外数以百万计的玩家一起分享的游戏里。有些人玩游戏只是为了体验,另一些则是为了挣钱。由此建立起来的这个公共体已经成为大学经济系学生的研究对象,同样也有一些社会学项目围绕着《第二人生》展开,例如调查残疾儿童是否能以一种在现实生活中不可能实现的方式融入虚拟世界。

电脑游戏所创造的虚拟世界已经让越来越多的人在其中投入越来越多的时间,格林内尔是一个很典型的例子。《第二人生》也是一个说明数字娱乐对我们产生诱惑的例子。如果我们要在日常生活中寻找一种可以影响我们专注力的活动,那它不是下棋或填字游戏,而是电脑游戏。各种年龄的人都在玩电脑游戏,只是其中绝大多数是青少年和儿童。玩电脑游戏已经从一种少数电脑狂人的消遣变成了大多数人的休闲活动。众多儿童花费大量的时间在玩游戏上,使得这一项活动具有影响大脑和认知的可能性。问题是,如何影响?

很多家长担心玩电脑游戏会给他们的孩子带来负面影响,担忧主要集中在3个方面:游戏中所描绘的暴力会使他们变得更有攻击性,缺乏运动会让他们变得肥胖,这种媒介的固有特性会使他们产生注意力问题以及ADHD样的症状。关于电脑游戏中的暴力的辩论,与长达数十年的关于电影中的暴力的讨论非常相似,尽管这个话题值得认真对待,但在本书中就不展开了。关于缺乏运动如何影响儿童的问题也很重要,但是我很乐于把这个问题交给营养学家和那些能够决定学校课程表上该排几堂体育课的人。让我们还是把注意力放在玩电脑游戏是否会以及究竟如何影响专注力的问题上。

恐慌

这是2001年英国《观察家报》(*The Observer*)上刊登的内容:

电脑游戏阻碍青少年大脑发育
高科技心智图谱显示电脑游戏损害大脑发育
并可能导致儿童无法控制暴力行为

电脑游戏造就了一代头脑简单的儿童,他们耳濡目染的暴力远远超过了他们的父母。一项颇有争议的新研究指出,儿童产生失控倾向并非像之前研究者们所认为的,是由于从电脑游戏中吸收了攻击性本身,而是由于游戏阻碍心智发育而造成损害。

这篇报道里所引用的研究,是由日本东北大学的一位神经科学家川岛隆太(Ryuta Kawashima)所进行的。但他从未表达过以上观点,反而在不久之后与任天堂公司(Nintendo)合作开发了《脑白金》(Brain Age)这个游戏软件。

在这项研究中,川岛隆太与他的研究小组在3种不同的情况下分别测量了儿童大脑的血流量:玩电脑游戏时,休息时,进行重复性算术练习(一位数字加法)时。测试中使用了一款在任天堂掌上游戏机(一种在少年儿童中特别流行的小型手持游戏机)上玩的运动类游戏,这类游戏主要考验的是反应力。

他们发现,游戏只能激活视觉和运动皮层,而算术练习激活了额叶。有可能这种激活模式的区别是由于游戏对刺激驱动注意有着很高的要求,能强化对刺激的快速反应,但基本上用不到工作记忆;而算术练习则要占用不少工作记忆,因此激活了额叶皮层。总的来说,我们唯一能从该研究中得出的结论应该是,运动类游戏并不激活前额叶。

当然,我们可以进而推论运动类游戏不太可能增强额叶皮层的功能,尽管这类游戏的此项特点其他很多活动也都具有,也许真实运动也一样。在这个研究中没有任何证据表明在游戏中所观察到的这种脑部活动具有持续性,或是玩电脑游戏会导致暴力行为。而且,他们没有检测行为的变化,也没有用到注意力或工作记忆的测试。这项研究的真实结果与《观察家报》上的解读反差巨大,这表明,媒体是多么容易散布不实的信息。

电脑游戏的益处

有一些横向比较研究了大多数时间用来玩游戏和不怎么玩游戏的青少年，结果显示那些经常玩游戏的人在学校的表现差些。然而另一些同类研究的结果恰恰相反：那些玩得最少的人劣势最大。这类研究的一个问题在于，有时候科学家很难去控制所有的背景因素，以确保常玩游戏的孩子除了玩乐习惯之外，其他方面都与对照组没有区别。而且，他们也没有衡量受试者的专注力和工作记忆。因此，这些结论都应该再经过实验性研究的确认：将受试者随机分入两个不同的组，其中一个组的受试者去玩游戏，然后在实验前后对两个组进行评估。

有一项这样的实验性研究评估了《俄罗斯方块》的效果。在这个游戏中，各种多边形从屏幕上缘缓缓落下，玩家可以旋转并横向移动它们，以使它们能够落入之前的多边形所堆砌出来的空隙内。实验结果发现，在受试者玩了11天《俄罗斯方块》之后，他们比对照组在解决视觉空间问题上的表现更加出色。例如把零碎的形状拼成一种图形，这与IQ测试中评估空间技能的测试没什么不同。

关于精确衡量动作游戏对注意力的作用的研究为数不多，罗切斯特大学的肖恩·格林（Shawn Green）和巴韦利埃（Daphne Bavelier）的研究就是其中之一。在他们的研究的第一部分，格林和巴韦利埃比较了常玩游戏的人和偶尔或从不玩游戏的人。这两组人在其他方面都相似，例如年龄、性别和教育背景。该研究小组比较了两组受试者在几个衡量视觉感知的测试上的表现。在其中的一个测试中，研究者让屏幕上闪过一系列物体，然后询问受试者一共看见了多少种物体。基本上，在只出现3种物体时，回答都很正确。但是当出现4种物体时，对照组受试者错误的概率就达到了大约10%，而实验组的表现比对照组要好很多，只有在增加到6种物体时错误率才达到这样的水平。

在另一项测试中，他们测量了注意速度。受试者面前的屏幕上会闪过一系列字母，一次一个，但是速度快到他们只能勉强分辨清楚。他们的任务就是要在看到字母A的时候立即按下按钮。在心理学上有一个著名的效应：当目标连续快速出现时，我们辨识新目标的能力会有瞬间的削弱，这称为"注意瞬脱"（attentional blink）。电脑游戏组瞬脱的时间比对照组短，他们能以更快的速度在辨识前一目标后再辨识新的目标。

为了保证电脑游戏组的受试者在其他方面（年龄、性别和教育背景）与对照组相同，以确保这两组之间所观察到的差别不存在别的可能解释，这项研究又进行了进一步的实验。在第二部分的研究中，非游戏玩家被随机分配到了两个组，一个组的受试者玩名为《荣誉勋章》（Medal of Honor）的动作类游戏，另一组——对照组——则玩《俄罗斯方块》。经过10天、每天1小时的游戏之后，研究者再用该项研究第一部分中使用的测试来对受试者进行评估。他们再一次在实验组的受试者中观察到了改善，这一结果确证了该研究第一部分得出的结论。

在测试中那些受试者所改善的究竟是感知能力、感知速度还是（如作者所解读的）刺激驱动注意，这是一个没有意义的问题。不可否认的事实是，电脑游戏确实可以改善某些功能。研究第二部分中两种游戏比较的结果也非常有趣，它向我们展示了不同的电脑游戏可以各有特定的效果。因此，不对电脑游戏的类型进行细分并仔细分析它们所能开发的技能就把它们划为同类、一概而论，是没有意义的。动作游戏是最受媒体关注的一种类型，但是最畅销的游戏其实是《模拟人生》(The Sims)。在《模拟人生》中，玩家要安排好虚拟角色的社交生活和健康状况，装饰他们的房子，并确保他们能够准时去上班。

瑞典国立公共卫生研究院最近发表了一篇报告，系统性地总结了30篇探讨游戏效应的已经发表的研究成果。这篇报告发现，共有6项研究证明游戏能增强空间技巧和反应时间，同时没有研究显示游戏对注意力有损害。

电脑游戏与未来

这样说来，目前并没有任何证据说明电脑游戏会损害人们的注意力，或是在青少年玩家中引发ADHD。由于永远都会有新的发现被发表，所以现在对于这个问题是不可能下任何断言的。不过，之所以质疑注意力问题和电脑游戏之间存在联系，其原因之一是到目前为止还没有任何机制可以说明这样的联系是如何发生的。例如，我们希望有某项研究能够证明强化刺激驱动注意会削弱受控注意，但事实上没有。心理学家在大样本人群中衡量刺激驱动注意和受控注意时发现，这两种注意力在统计学上是不相关的。你不会因为踢了足球或学了法语，就导致数学能力下降。

当然，无论你做什么都会有所得和有所失，毕竟一天只有24小时。因此，如果孩子花了太多时间玩电脑游戏，他就没多少时间来做数学作业了。当然，这种情况对于看电视更为适用，因为它是一种更为被动的消遣形式，也让我们没有机会把时间用到对认知要求更高的活动中以开发工作记忆。带来这种负面效应的并不是电视节目里面快速更新的海量信息本身，其他对工作记忆没什么锻炼的活动也会造成同样令心智迟滞的效果。在爱因斯坦衰老研究中，研究者在那些花很多时间骑自行车的受试者身上就观察到了微弱的（没有统计学显著性的）负面效应。

然而就算玩电脑游戏是一种对时间的浪费，它至少有可能对某些功能具有增强的效果。正如格林和巴韦利埃在研究中所证明的，《俄罗斯方块》能改善视觉空间和感知能力。就所能强化的能力来看，每个电脑游戏都是不同的。

现在有不少"寓教于乐"型的课程，让孩子们通过玩游戏来学拼写、外语或是数学，它们大多数都是通过反复演练将知识存入长期记忆，或是练习一种特定的技巧。另一类课程最近开始在互联网上出现，它们是专门设计用来训练一些基本的认知功能的，包括工作记忆和注意力。从表面上看，这些课程更像是一些神经心理学测试而不是训练课程，它们包含了一系列类似回忆数字或测试反应时间的练习。我承认这些课程中的大多数也许是有益的，但是其中也包含了一些可能没有任何功能的练习。由于它们至今都没有经过恰当的评估，因此我们无从得知究竟哪些是有效的哪些纯粹是浪费时间。为了产生一定的效果，我们必须不仅要做正确的练习，还要用一种能够带来持续效果的方式来做。也就是说，要达到正确的难度、充分的强度并且保持足够长的时间。每周上网去玩两局游戏是不太可能带来什么持续效果的。

"严肃游戏"（Seriousgames.org）是数个旨在用游戏技术来改善健康领域和领导力方面的表现的不同项目的联合体，里面包含了《激光手术师——显微任务》(Laser Surgeon: The Microscopic Mission)、《生与死Ⅱ》(Life and Death Ⅱ)以及《模拟健康》(SimHealth)等游戏。在这个领域中,有一个非常有趣的游戏是由应用认知工程公司(Applied Cognitive Engineering)开发的,这是一家将自己的业务范围限定在改善篮球运动员认知技能的高度专业化公司。他们的训练程序被称为"健智房"(Intelligym),其设计初衷是为了改善所谓的"比赛智商"(game intelligence),包括注意力、判断力和空间感知等一系列基本技能。这款软件最初是为以色列军方开发的,用来改善战斗机飞行员的表现。现在它经过重新包装,面向职业篮球运动员上市销售。该程序号称能提升一个球队25%的表现,尽管并没有对照研究证实它确实有效(或是如果有效,也因为包含军事机密而被以色列军方严加保护)。

也许有一天,我们会看到一款游戏,将我们现在开始获得的关于训练效果的知识全面发挥出来,并把冒险和动作类游戏的吸引力与增强解决问题的能力和工作记忆的玩乐结合起来。这样的趋势将要到来的一个先兆,就是任天堂公司通过发售《脑白金——训练你的大脑》(Brain Age: Train Your Brain)这款游戏而加入了这一领域的角逐。这款游戏的设计初衷是通过要求玩家完成某些任务来训练他们的大脑,例如去解一些相对简单的数学问题。虽然它是为公司最新的掌上游戏机开发的,但目标用户主要是那些希望保持思路清晰的成年人。在每一轮的末尾,游戏会更新一下对你大脑的年龄的估计:如果你表现很好,你的大脑年龄就会下降;如果你做得很糟,那么你就会看着你的大脑向着痴呆的深渊又迈近了一步。这款游戏的销量达到了数百万份。

在我个人看来,这款游戏中的任务太过于基础,可能没有什么实质性的效用。无须讶异的是,也没有研究证明这款游戏对于整个大脑或任何一个特定的认知功能有什么影响。而且，这款游戏过于枯燥，以至于没有什么玩家愿意一直玩到足以产生某种效果（假设它能够产生效果的话）。然而，这款游戏本身，以及它被任天堂公司开发出来的这个事实，证明了一种趋势的开始，现在这种类型的新游戏已经开始逐渐充斥货架了。

Posit Science公司则采用了更加科学的方式：聘请默策尼希作为他们的首席科学家。一项大型研究发现，他们的大脑训练程序似乎有些作用，尽管它在与对照组的直接比较中没能展现出优势。Lumosity公司在互联网上推销他们的认知训练。虽然至今（2008年）尚未有关于这一方法的研究发表，不过根据该公司的《白皮书》所述，他们的训练对于视觉感知是有一定效果的，但是在工作记忆上的改善微乎其微。

大约在一个世纪前，大人常会教导孩子到户外去玩耍或是去园子里帮忙干活，不要连续几个小时躺在那儿埋头看书。阅读当时被认为会使孩子迂腐，让他们变得虚弱，并损害他们的视力。事实证明，阅读为信息社会的到来作了最好的准备。也许类似地，玩电脑游戏是在为一个信息爆炸的数字化未来作准备。

从总体上来看，我们的工作记忆是什么样的？那些我们可以看到的、发生在我们周围的环境的改变，究竟有怎样的综合效应？是不是我们处在持续干扰性的环境中，专注力就会变差？我们是不是注定会发展出注意缺陷征？还是说，我们社会中的种种严苛要求和挑战，也许包括我们玩的游戏，是否意味着我们每时每刻都在训练着我们的认知功能呢？

第十三章

弗林效应

我们前面说到,新西兰的弗林教授证明了20世纪人们的IQ表现是如何提升的,以及在哪些方面得到了提升。如果将1932年的IQ平均表现定为100分,到了1990年IQ平均表现就达到了120分。因此,一个在1990年得到100分平均分的人,如果置身于1932年,就属于全人口中前15%的水平。根据某些人的观点,似乎这样一种趋势的发展速度正在越变越快。在20世纪50年代、60年代和70年代,IQ以平均每年0.31分的速度增长,在90年代之后已经增加到了每年增长0.36分。这一结果非常令人惊讶,因为最初我们认为智商是一个恒定不变的常数。不过越来越多的文献和研究指出,情况并非如此。

考虑到很多人一听到"智力"这个词就异常激动,所以我觉得有必要先就科学家对于这个术语的定义来说几句。当对数量极大的人群进行大量心理学测试的时候,我们发现人们在各项测试中的表现是正相关的。这个意思就是,那些在某一项测试中的表现超过平均水平的人,往往在其他测试中的表现也超过平均水平,这意味着在所有的测试中都存在一个能够决定表现的因子。这个假设性的因子可以使用统计学手段来发现,并且命名为"普遍因子"(general factor),用符号g来表示。IQ,即智商,则通过将测得的心智年龄除以实际年龄再乘以100得到。

20世纪最初10年,这种因子的数目及其所表征的意义在心理学界引起过广泛的热议。美国心理学家卡泰尔(Raymond Cattell)和霍恩(John Horn)所提出的理论是当时极具影响力的观点之一,他们认为最重要的两个因子就是晶态智力(crystallized intelligence)和液态智力(fluid intelligence)。晶态智力(用gC表示)决定在那些与词汇和常识有关的任务中的表现,液态智力(用gF表示)则解释了为什么在那些不依赖常识的、非语言的推理和解决问题任务中,人们的表现会有差异。

此外,瑞典研究者古斯塔夫松也证明,与g这个因子最相关的,其实就是与雷文矩阵紧密联系的gF。因此,根据定义,综合液态智力是一种只能通过一系列测试才能衡量的东西。然而,gF与雷文矩阵中表现的相关性是如此之高,以至于有时候心理学家觉得他们只需要衡量这类任务中的表现,就可以对gF有一个大致的判断。在这里,工作记忆开始浮出水面。在之前的章节中我们已经看到,工作记忆测试中的表现与雷文矩阵中的表现也是高度相关的,这使得很多人认为工作记忆容量是gF最关键的决定因素。

开发你的IQ

如果环境因素能影响gF,那么gF应该能被训练。因此,让我们来仔细审视一下这个问题是否有相关的研究报道。智力计划(Project Intelligence)是迄今为止规模最大、水准最高的训练研究之一,它是在20世纪80年代早期于委内瑞拉中部城市巴基西梅托的穷人区展开的。这是一项由该国政府发起的项目,不过执行项目的研究者来自哈佛大学。教师和科学家一起开发了一套课程，用来训练13—14岁学龄儿童的"观察技巧和分类、归纳或演绎推理、语言的精准运用、解决问题能力、创造力和决断力"。实验组由463名学生组成，接受为期1年的特殊课程教育；对照组有432名学生，接受常规课程教育。在研究开始之前和结束之后，所有的受试者都接受了大量的测试以评估他们的综合智力能力，例如解决问题能力和逻辑推理能力。

绝大多数的测试都得到了非常积极的结果，接受特别训练的实验组的平均表现改善了大约10%。用直白的话来说，这意味着实验组在对照组一年期常规教育的基础上，IQ额外增加了10%。而且，根据实验结果，所有学生的改善程度都是一样的，与年龄、性别和最初测试结果无关，这意味着这种特殊教育不仅仅对那些在研究开始前测试成绩不佳的学生有效。

另一个体现训练效果的例子，就是研究以色列后进学生如何通过接受一门名为"广益丰赋"（intrumental enrichment）的解决问题能力培训课程来改善他们的智商。非常有趣的是，在实验组和对照组之间所观察到的差异在训练结束后并没有消失，事实上，训练带来的效果逐年递增。这一结果可以通过正反馈来解释：能力改善后智力刺激就变多了，而这反过来又进一步促进了能力的改善。解决问题能力得到改善的儿童会发现数学作业变得容易了，这会鼓励他把更多时间花在数学上，而这又带来解决问题能力的进一步提升。这种正反馈效应之前在一项关于阅读障碍儿童的研究中也曾被观察到：当他们经过了高强度的训练之后，阅读效率有所提高，于是他们每天花在阅读上的时间变多了，这进一步推动了他们阅读技巧的提升。

南斯拉夫心理学家克瓦什切夫（Radivoy Kvashchev）也进行了一系列相关研究，尽管他的结果都是用塞尔维亚—克罗地亚语发表的，但是他的一个学生将它们翻译成了英语。在他的一项大规模研究中,他对296名学生进行了每周3—4小时、为期3年的"创造性解决问题"的训练。相比对照组,这些学生的IQ增加了5.7分,改善百分比大致也是这个数值。在训练结束1年后的一项跟进测试中,他发现两组间的差异升高到了7.8分,这种后续测试中的分数增加可能又是一个基于正反馈效应的例子。

在一项由德国的克劳尔(Karl Klauer)领导的训练研究中,数名7岁大的儿童接受了"演绎推理"的训练,其中涉及先识别模式进而构想规则并应用规则的能力。与解雷文矩阵非常相似,他们的任务是那种"异类排除"的类型:受试者要找出一组4个物体中的哪3个可以归为一类,然后据此删除剩下的1个。实验组儿童接受小班培训,每天2堂课,为期5周。相比于被动的对照组,研究者发现实验组在雷文矩阵中的表现得到了改善,并且这种改善效应在接下来的6个月中都一直持续着。

在这一系列证明液态智力改善的研究中,还可以列入我的研究小组的研究,以及耶吉及其同事在工作记忆训练上的研究。当AD-HD患儿接受了工作记忆训练后,我们发现他们在雷文矩阵的表现上改善了8%(减去了对照组的数据之后)。改善幅度与智力计划以及克瓦什切夫和克劳尔的结果一致。

考虑到工作记忆和解决问题能力两者间的关联,我们有理由相信,解决问题能力是随着工作记忆一起改善的。也许工作记忆就是我们可以通过训练开发的智力功能的一部分,并且在各种训练研究中占据核心地位。通过训练来改善工作记忆,这种能力很有可能就是我们彻底解读弗林效应的关键。

坏东西对你有好处

证明训练和特殊设计的课程可以改善IQ的研究,为那些主张IQ不仅仅与遗传有关的人提供了理论支持。智力并不是我们生来就完全具备的认知工具,既然训练可以影响IQ,我们就需要综合考虑那些来自我们心理环境的影响。在1988年出版的《上升的曲线》(The Rising Curve)一书中,一些著名的心理学家讨论了我们的环境是如何导致弗林效应产生的。在一篇名为《IQ的文化演变》(The Cultural Evolution of IQ)的文章中,帕特里夏·格林(Patricia Green)提出,在20世纪最后的几十年里,对IQ影响最大的应该是信息量和社会复杂性的日益增加。

约翰逊(Steven Johnson)的《坏东西对你有好处》(Everything Bad Is Good for You)表达了同样的观点,尽管还延伸出了非常多的内容。他的主要论点是,大众文化在过去30年里总体上变得越来越复杂,对心智的要求越来越高,而不是变得简单和肤浅。而且出于某种原因,媒体也会自我调节以适应那些要求更高的人群而不是那些要求最低的普通群体。他还认为更高的复杂性是产生弗林效应的原因之一。

说到电视和电影,这种更高的复杂性部分体现在它们需要我们同时跟进数条平行的剧情线。如果要理清《极速双雄》(Starsky and Hutch)——一部20世纪70年代的警匪剧——的剧情,我们会得到一条直线:除了介绍和结尾,每一集都是同样的两位主角和一条故事线。但如果要勾勒出20年后的《宋飞正传》(Seinfeld)或是《黑道家族》(The Sopranos)的剧情流程,那么很可能就会出现一张5—10条情节线索相互纠缠、复杂得多的图表。

另一个增加叙事复杂性的因素就是部分省略的故事背景和信息，这迫使观众必须自己弄清楚情景和对话的前后关系。现在观众坐在那里不再是在想"最后到底会发生什么"，而是更多地在想"现在究竟是怎么回事"——这是一种连续解决问题的过程。当代电影的时间线往往支离破碎，观众如果想要知道他们现在正在看的内容与到目前为止看过的东西有什么关系，就不得不一直在那里拼凑各种线索。这可是个要求很高的练习。

图13.1　当代电影的复杂性（贝里林版权所有）

约翰逊还用不少篇幅描述了电脑游戏，作为一个生活日趋复杂的例子。相信大多数人都会同意，像《侠盗猎车》（Grand Theft Auto，在这个游戏中玩家通过偷取车辆在一个虚拟城市中急速行驶，完成各种程度不同的违法任务）这样有着200多页玩家使用手册的游戏，比《吃豆人》（Pac-Man）要复杂得多，尽管要明确指出具体复杂性在哪里会更加困难。约翰逊认为，复杂性来自两个组成部分："试探"

(probing)和"嵌套"(telescoping)。试探是缺乏清晰规则的结果,这迫使玩家自己决定该做什么以及该如何去做。玩家通过这样的试探,形成了一系列游戏是如何进行的假设,然后通过更多的试探去重复检验这些假设。

嵌套则是解决由一系列分级目标构成的问题。《塞尔达传说——风之杖》(The Legend of Zelda: The Wind Waker)是一款日式冒险游戏,最初是为了掌上游戏机设计的,不过这个系列在功能更强大的主机上得到了延伸。游戏的基本剧情是一个来自某个小岛的少年为了拯救被绑架的公主而在广阔的天地间进行冒险。和《侠盗猎车》一样,剧情本身并没有什么高明之处。约翰逊的观点是,认知的挑战完全可以与相当简单的故事背景共存。为了说明这一点,让我们来看看游戏中的某一个任务是如何构成的:

> 你要去找一个王子并把一封信交给他。
> 为了达到以上目的,你必须翻过一座山。
> 为了达到以上目的,你必须到峡谷的另一边去。
> 为了达到以上目的,你必须将这个峡谷灌满水以便你可以游过去。
> 为了达到以上目的,你必须用炸弹把一块挡住泉眼的大石头炸掉。
> 为了达到以上目的,你必须种一株炸弹植物。
> 为了达到以上目的,你必须用小女孩给你的水壶接水。

因此,嵌套就要求将一系列分级目标保持在头脑中,并对它们进行管理。

格林和约翰逊可能都有点道理,但是两个人都没能找到一种精确衡量他们所谓的复杂性的方法。因为他们没有办法衡量他们的复杂性,所以他们没有办法证明复杂性确实增加了,因此也就没有证据来说明训练的效果。

然而,约翰逊所称的复杂性中,有一部分似乎要由工作记忆来完成。例如,他对嵌套的定义是把数个分级目标保留在脑海中,这与工作记忆任务非常一致。如果我们将"复杂性"解读为"工作记忆负荷",那么他的观点就与我们那些证明工作记忆训练效果的研究是一致的,例如,爱因斯坦衰老研究的结果,智力计划中观察到的解决问题能力的改善,以色列研究,以及克劳尔与克瓦什切夫的工作。如果我们假设所有这些现象是互相关联的,并且工作记忆就是弗林效应的基础,那它所带来的启示是具有革命性意义的。也许在我们生活的社会中,游戏、媒体、信息科技都在不断地增加着我们工作记忆的负荷,这加强了我们整个人群的工作记忆和解决问题的能力,而这反过来又提升了负荷和复杂性。人类的正常标准确实是在被提升吗?

第十四章

神经认知的强化

弗林效应反映了综合智力是如何随着时间逐步提升的,那么,这种环境要求和我们能力齐头并进的趋势是可持续的吗?科学家可以通过对大脑的了解去进一步增强它的能力吗?

在本书的简介中,我引用了一篇由几位神经学家撰写的文章,其中写道:"人类改变自身脑功能的能力,可能会像铁器时代冶金术的发展那样,彻底改变历史的面貌。"作者们的目的在于发现一种"神经认知的强化"的趋势,并引出与此相关的几个话题加以讨论。神经认知的强化指通过使用现有的或有待开发的技术,例如人脑和计算机的互动、神经外科手术以及精神药理学(psychopharmacology)等,开发大脑的潜力。

作者们所阐述的第一个问题就是,如果某一种媒介,例如药物,从一种治疗人们受损功能的手段转变成了增强本就健康的功能的方法,会产生怎样的后果。

文章提出的第二个问题更具哲学性。改变认知功能不是调校一辆车的引擎,毕竟具有精神活性的物质还会影响到性格。他们认为,与没有使用此类药物时相比,体内具有此类药物的我们其实变成了另外一个人,这可能会导致关于认同(identidy)的心理学问题,并产生与责任有关的哲学问题。

心智兴奋剂

中枢神经兴奋剂是一类经常被讨论的药物,在关于ADHD的那一章中已经提到过。一开始,这类药物被认为只对存在注意力问题的人发挥效用,后来证明,它们对所有人的心智能力都有效。美国国立精神卫生研究院的拉波波特(Judith Rapoport)主持了一项研究,这是关于这个问题的最早的研究之一,他将一群年龄为7—12岁、没有多动表现并且认知能力达到平均水平以上的男童分为两组,一组给予安慰剂,另一组给予一般用于治疗ADHD患儿的低剂量安非他明,然后进行测试。结果发现,安非他明组男童的认知水平明显提高了,他们坐得更牢,但问的问题也更少。

更近期的研究证明哌甲酯(利他林)也具有类似的效果。如果我们用心理学测试来衡量安非他明或哌甲酯的效果,我们发现它们能增加唤醒、提高反应速度、提升工作记忆容量约10%,并且显著地减少多动和注意力缺陷的症状。哌甲酯在非ADHD患者中同样有效并不值得惊讶,毕竟我们不能把人简单地分成两组,一组有注意力问题,而另一组没有。相反,不同程度的专注能力的界限非常不清晰。关于哌甲酯普遍有效的看法传播得很快,尤其是在大学生之间,很多人在考试复习期间会使用这种药物。学术期刊《自然》杂志在2008年进行的一份调研显示,20%的参与者表示会服用药物来增强认知能力。在日本,对利他林的非处方使用极度泛滥,以至于政府最终决定将此药物完全禁用。

因此,正是那些越来越多地使用这类药物的非ADHD人群在引起恐慌,不断壮大的用药人群会不会令那些没有用药的人产生用药的迫切感？会不会有教师推荐某些学生去使用这些药物,以使他们能够跟上其他同学？会不会有雇员要每天早上吞下一片药片来使自己保持在晋升通道中,或是甚至只为保住自己的工作？

利他林是此类药物中第一个上市、也是传播最广的一个。然而,有理由相信未来我们会看到越来越多的认知增强型药物。根据我们日渐详细的对编码长时记忆的脑内过程的了解,有40多种物质被陆续开发了出来。其中,安帕金(ampakine)类药物能够促进这一编码过程;还有一种药物,MEM1414,由一个名字听起来非常科幻的公司——记忆制药公司(Memory Pharmaceuticals,诺贝尔奖获得者坎德尔是该公司的创始人之一)研发,它可以更加轻易地强化神经元之间的联系,进而强化长时记忆。那些觉得使用了这些药物就会导致日常生活中每个琐碎细节都被永恒地印入脑海的人大可以放心,因为其他用来消除长时记忆的药物也在研发之中——我猜是用于创伤后应激综合征这类情况的。

关于记忆的细胞生物学方面的知识使我们可以成功地改变小鼠的基因,以使它们在记忆测试中表现得更加出色。下一步会是什么？在体育界,对基因兴奋剂的担忧已经被广泛提及。我们能否想象,也有类似的兴奋剂来增强我们的认知功能？人机交互数十年来都是科幻小说家为之着迷的话题,2006年,科学家向世界展示了如何将一位瘫痪患者的大脑信号传入计算机,并用这些信号来操作一条机械手臂。如果我们可以掌握把神经元和电脑直接整合起来的原理,我们未来的可能性将是无限的。也许我们可以将电脑作为我们大脑的外接记忆,并且每过2年就升级一下我们的工作记忆？

我们的日常药物

用人工手段来增强大脑功能的想法非常有趣，但其实并不新鲜。新鲜的是那些具有此功效的物质。咖啡因就是一种与安非他明效果非常类似的物质，而我们使用咖啡因已经有几个世纪的历史了。咖啡因可以在我们睡眠严重不足的时候帮我们战胜疲劳，并且比起不用咖啡因时工作更长的时间。我们可以问心无愧地宣称，咖啡改变了可接受的疲劳度的标准。如今我们已经完全接受了它。那么这里有没有道德难题呢？我们在喝咖啡的时候有被老板胁迫的感觉吗？咖啡有没有改变我们的性格呢？

其他被警示的趋势还包括用那些治疗疾病或缺陷的药物来增强健康人的表现，这个趋势事实上已经在我们身边了。一个典型的例子就是使用雌激素来补偿女人正常衰老过程中出现的激素衰减。我们的大脑也存在着衰老趋势。比如，多巴胺受体的浓度从25岁开始就稳定地以每10年大约8%的速度递减。多巴胺受体减少可能就是工作记忆随着年龄增长而逐渐衰退的原因。利他林能够影响多巴胺的数量。如果我们可以允许补充雌激素，为什么我们不能允许补充多巴胺？我猜在15年的时间内，中年人群将会逐步摄入一系列物质，来抵消各种脑内神经递质的自然性衰减，就和今天女性摄取雌激素一样。

该文章作者们所谈及的未来趋势，很多都已经存在了。我们毫无顾虑地使用某些药物，也许意味着我们渐渐习惯于使用某些药物和技术。在这种发展趋势中将起到决定性作用的，也许不是任何伦理观点，而仅仅是药物疗效的证据以及它们可能的长期或短期的不良反应。

　　这不是什么实用主义的观点，而是一个至关重要而且非常复杂的问题。只要能够确定没有什么不良反应，我会非常愿意使用一种未来的大脑增强合剂。但是我怎么能确定呢？如果记忆药物在改善工作记忆的同时会降低创造力，那也许它们只对有注意力障碍的人有益处，对其他人则没有。如果抗抑郁药物能够让我们高兴起来，但是却会消除我们坠入爱河的能力，那我们的社会可能会发展成一个更加高效却没什么乐趣的社会。对于那些熟悉赫胥黎（Aldous Huxley）的人来说这显而易见，但是在方法学上是非常难以界定诸如创造力或爱情效应的，而大型药企也不会打算为我们去界定。

　　到目前为止，我们并不确切知道增强认知的药物是否会对创造力或爱情产生影响，但我举的这两个例子并不是捕风捉影。在扎斯洛（Jeffrey Zaslow）的一篇名为《如果爱因斯坦吃了利他林会怎样？》（What if Einstein Had Taken Ritalin？）的文章中就记录了一些轶事趣闻，例如有人声称利他林损害了他们的团队技能以及创造力，还有些儿童感觉服用该药物降低了他们谈笑风生的能力。

　　神经学家萨克斯（Oliver Sacks）在他撰写的《那个把他夫人误认为帽子的先生》（*The Man Who Mistook His Wife for a Hat*）一书中描述了这样一个病例，一位患者开始使用一种作用于多巴胺系统的药物，这个药物除了减轻了他的症状外，也减弱了他的生活情趣和作为一个鼓手的创作力。因此，他在工作日的时候为了上班接受药物治疗，到了周末他就停止用药以使自己可以回到爵士乐队中担任鼓手。说到爱情，一般认为它与5-羟色胺系统之间存在着关联，这个系统正是抗抑郁药百忧解和左洛复的作用靶点。

　　通过训练来改善功能在我看来似乎是最安全的方法，当然，因为这本身就是我自己研究的课题,所以我的观点难免偏颇。可是,与其让我看到有一半人口在靠嗑药来增强心智能力,我宁可看到他们用心智锻炼的方式来体现他们对于心智健康的关注。不如把注意力和工作记忆训练纳入学校课表?

也许我们可以让游戏公司在他们的产品上添加一个认知配料表,上面标明该游戏的工作记忆负荷。这样我们就可以像选择我们的早餐麦片一样挑选我们的心智美食。我们能不能像设计血糖指数一样,设计出一个衡量刺激驱动注意和受控注意的比值,或者是对工作记忆有高要求的游戏时间百分比?

第十五章

信息洪流与心流

当你一边听新闻播报员说话，一边又要看屏幕最下面滚动字幕里的股票价格时，你的主观感受可能会是：你消化吸收信息的能力已经在勉强维持局面了。你的大脑被淹没了。如果用工作记忆概念来分析这个情况，我们会发现，你的感觉其实与某些可以量化的指标相匹配：两条同向传入的信息流对工作记忆的要求是非常高的。你额叶和顶叶的某些部位对你可以吸收的信息量设定了限制。当你在互联网上阅读一篇复杂的文章，并试图忽略那些视野边缘播放着的广告时，你正在挑战一个有着很高工作记忆负荷的抗干扰任务。当你使用Word的帮助功能时，你过载的工作记忆很可能会令你要将每一条指导都读上好几遍才能记住所有的信息。

在信息社会中，很多可以被笼统地称为"更具复杂性"或"更大信息量"的改变，归根结底都可以被认为是由增加工作记忆负荷开始的。我们目睹了近几年来变化越来越快，并且这一趋势丝毫没有减缓的征兆。移动科技增加了需要我们进行双任务的场合，手机对话很可能仅仅是个开始。无线通信和笔记本电脑会造就更多的协同任务的机会。通过移动电脑和Wi-Fi技术，浏览互联网会像现在使用手机一样，遍及街头和咖啡馆。车载GPS设备也变得越来越流行，我期待着一项定量由它造成的反应时间延迟的研究。很多充满未来感的概念,例如做成眼镜的显示屏,都已经正在成为现实。

在一个具有高度干扰性和沉重信息负担的环境中,我们往往会感觉到备受影响而无法集中精神,正如"引言"中所描绘的现代办公室。也许,你会因此轻易地将这些现象串联起来,作出这些心智负荷会损害我们大脑的判断。然而,值得庆幸的是,没有研究证明暴露于严苛的心智挑战中会损害我们的专注力。事实上,真相恰恰相反:那些对我们能力极限挑战最大的情况,对我们大脑的训练作用也最大。对于弗林效应的一种解读认为,正是我们生活中对心智的严苛要求和越来越高的复杂性,使我们处理信息和解决问题的能力渐渐地越变越强。

其实,令我们觉得注意力缺乏的一个可能的原因,与需求和能力之间的差异有关。换句话说,我们所感知到的只是一个"相对的"注意力缺陷。其作用的机制与ADHD一样,就是挑战与能力之间的平衡被打破了。让我们再去看看普通大众的情况,我们发现,并不是人们的能力变弱了,而是庞大的信息量增加了不少额外的要求。你比起3年之前,一边打电话一边删除邮件的能力也许改善了10%,但是你每天收到的邮件数量很可能增加了200%。因此,你感觉到自己能力不足与你的这些能力得到了实质性的改善之间,其实并不矛盾。

信息应激

为了期望我们的心智功能得到开发,我们有没有必要无条件地接收信息洪流呢? 不,没这个必要。我们必须时常提醒自己,我们在接受信息的尺度方面总是有极限的。当要求超越了我们的能力时会发生什么,边开车边打电话所造成的事故就是最实在的警示。

另一个告诉我们在拥抱汹涌的信息洪流时应该有所保留的因素,就是它与应激(stress)之间的关联。我们对于应激的了解在近些年得到了深化,无数的研究证明,高水平的应激激素会损害心脏、血管、免疫系统等我们身体几乎所有的部分,包括大脑。对大脑而言,加剧的应激与工作记忆受损和长时记忆受损都有密切的联系。科学家证明,应激,尤其是特定的几种类型,例如创伤后的应激,能够影响海马,这是一个对在长时记忆中储存信息非常重要的脑部结构。但这只是对于长期的、高水平的应激而言,中度或暂时性的应激可能是有益处的,如对唤醒,具有最佳效果(见第16页)。

应激激素与信息量之间也没有任何简单的联系。在《为什么斑马不会得溃疡》(*Why Zebras Don't Get Ulcers*)一书中,萨波斯基(Robert Sapolsky)综述了他与其他人在应激方面,以及与之有关的深层原因的研究。应激水平与情境相关,并受到我们对自身所处状况的解读的影响。"可控感"是一个很关键的概念。应激,或者说压力,主要与我们感觉到或认识到自己无法掌控的事态有关。"习得性无助"(learned helplessness)这个术语,就是用来描述那些了解到自己没有能力去影响局面的人的。因此,压力在很大程度上来说是我们自己的态度。令某些人急出一身冷汗的技术问题,对于另一些人来说不过是一个有趣的挑战。

有一项研究记录了人们是如何看待他们的邮件负担的。结果发现,很多人表示收到的邮件太多,已经达到了他们处理能力的极限。但是有趣的是,他们抱怨的程度与所收到的邮件数量完全没有关系。那些一天收到20封邮件的人,与一天收到100封邮件的人的抱怨一样多。如果我们将信息负荷与休闲挑战及能力开发关联起来,我们的信息应激会降低吗？

为什么我们热爱刺激

超越我们能力范畴的事情很少能够成功，但是，这并不意味着我们会对它敬而远之。我们自身存在着一种挑战极限的有趣倾向，我们想要更多的信息、更强的感官刺激、更高的复杂性。游戏开发就是个很好的例子。任天堂公司掌上游戏机的最新版本主要针对年轻人，它设有两块屏幕，需要两人同时玩。我们有理由假设任天堂做了认真的准备工作，并且发现协同情境对儿童和青少年来说相当具有吸引力。类似地，他们的游戏也变得越来越复杂。

很多人在追求那种需要同时执行多个任务，或者信息量多到令他们无法招架的情境。某些人在会议过程中拿出手机发短消息或是阅读邮件，这是他们的主动行为，并非因为他们不幸成了无情的科技进步的牺牲品。约翰逊向我们说明了电视节目正在变得越来越复杂而不是越来越简单，如果我们打算理解故事进展，那么它们多线纠缠的叙事方式就对我们解决问题的能力提出了越来越高的要求。显然，那些越来越复杂的节目一定有什么内在的东西在吸引着我们。约翰逊还提出，日益复杂的电脑软件满足了我们想要探索和寻求刺激的需要。

心流

美国心理学家奇克森特米哈伊（Mihály Csíkszentmihályi）提出过关于"心流"（flow）的概念，它指的是那种彻底专注并沉浸在所进行的事件之中的感觉。一位艺术家正在绘制一幅画作,他忘我地投入到创作中,甚至忘记了时间的流逝,这就是一种心流的状态。当一位外科医生在进行一项需要他投入全部心力和技巧才能成功的非常困难的手术时,也可以达到心流的境界。奇克森特米哈伊曾经试图甄别能引起心流的情况,他认为,如果从情境的挑战性以及当事人的技能的角度出发去分析,那么我们会发现,当任务的要求与当事人的能力恰好匹配时,高水准的挑战与高超的技能就会引导出心流的状态。

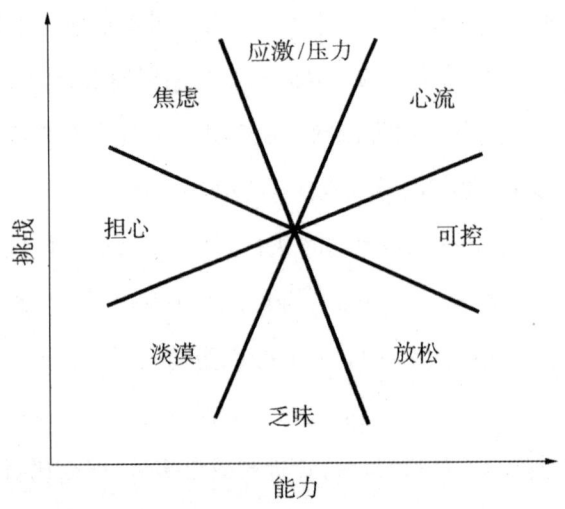

图 15.1　奇克森特米哈伊用这张图来说明各种心智状态都可以被理解为挑战和能力的产物(奇克森特米哈伊,1997)

　　将奇克森特米哈伊的这张图当作一张认知地图,北面向上,那么我们会在东北区找到心流状态。当挑战超过了能力,我们感到有压力;当能力超过了挑战,我们就产生了可控感;随着挑战水平的降低,事情变得乏味。如果将"能力"换成"工作记忆容量",将"挑战"换成"信息负荷",那我们也许就获得了一张描述信息要求与主观感受的图。当要求超过了我们的能力,我们便处于图的北区,从而有注意力缺陷之感。但是，我们也不应该简单地去回避这些要求，因为如果它们变得太低，我们就会感到乏味甚至毫无兴趣。换句话说，我们有理由调节好我们对刺激和信息的需求。只有当要求和技能，或者说能力和挑战，处在平衡状态时才能引导出心流。也许只有进入心流状态，我们的能力才能完全发挥，我们的潜能才能最大化地开发。

当工作记忆负荷与工作记忆容量精确匹配时，我们在神奇数字7左右徘徊，此时达到的训练效果也最强。既然我们现在已经了解了它，那我们就应该设法控制环境，根据我们的能力去重塑我们的工作。希望我们可以将手中的罗盘调精确，让它指引我们到达图的东北角，在那里感受心流，并将我们的潜能开发出来。

注释及参考文献

第一章　引言：石器时代的大脑遭遇信息洪流

2　关于工作场所干扰的研究详见 C. Thompson, "Meet the Life Hackers," *New York Times*, October 16, 2005。哈洛韦尔有关注意缺陷征的研究详见 E. Hallowell, "Overloaded Circuits: Why Smart People Underperform," *Harvard Business Review*, January 2005。

5　米勒关于神奇数字 7 的演讲：G. A. Miller, "The Magical Number Seven, Plus or Minus Two: Some Limits on Our Capacity for Processing Information," *Psychological Review* 63 (1956): 81—97。

8　躯体感觉脑区的可塑性详见 J. H. Kaas, M. M. Merzenich, and H. P. Killackey, "The Reorganization of Somatosensory Cortex Following Peripheral Nerve Damage in Adult and Developing Mammals," *Annual Review of Neuroscience* 6 (1983): 325—56; J. H. Kaas, "Plasticity of Sensory and Motor Maps in Adult Mammals," *Annual Review of Neuroscience* 14 (1991): 137—67。

8　盲人的视觉皮层：N. Sadato, A. Pascual-Leone, J. Grafman, et al., "Activation of the Primary Visual Cortex by Braille Reading in Blind Subjects," *Nature* 380 (1996): 526—28。

9　聋人的听觉皮层：L. A. Petitto, R. J. Zatorre, K. Gauna, et al., "Speech-like Cerebral Activity in Profoundly Deaf People Processing Signed Languages: Implications for the Neural Basis of Human Language," *Proceedings of the National Academy of Science of the United States of America* 97 (2000): 13961—66。

9　弦乐音乐家的大脑差异：T. Elbert, C. Pantev, C. Wienbruch, et al., "Increased Cortical Representation of the Fingers of the Left Hand in String Players," *Science* 270 (1995): 305—7。

9　钢琴音符与脑部活动：C. Pantev, R. Oostenveld, A. Engelien, et al., "Increased Auditory Cortical Representation in Musicians," *Nature* 392 (1998): 811—14。

9　音乐家的通路：S. L. Bengtsson, Z. Nagy, S. Skare, et al., "Extensive Piano Practicing Has Regionally Specific Effects on White Matter Development," *Nature Neuroscience* 8 (2005): 1148—50。

9　关于杂技：B. Draganski, C. Gaser, V. Busch, et al., "Neuroplasticity: Changes in Grey Matter Induced by Training," *Nature* 427 (2004): 311—12。

10　弗林效应在多篇发表物中都有介绍，其中包括 J. Flynn, "Massive Gains in 14 Nations: What IQ Tests Really Measure," *Psychological Bulletin* 101（1987）: 171—91 以及 J. Flynn, "Searching for Justice: The Discovery of IQ Gains over Time," *American Psychologist* 54（1999）: 5—20。

13　关于神经认知增强的文章：M. J. Farah, J. Illes, R. Cook-Deegan, et al., "Neurocognitive Enhancement: What Can We Do and What Should We Do?" *Nature Reviews Neuroscience* 5（2004）: 421—25。

第二章　信息门户

15　关于注意力的模型有许多，且这一主题每年都会发表大约1500篇的新文献，目前就如何区分不同类型的注意力一事尚无共识。本书中所给出的模型，是基于新近发表的各种注意力任务中的脑部活动研究。如需了解这些研究的概要，请参见 M. Corbetta and G. L. Shulman, "Control of Goal-Directed and Stimulus-Driven Attention in the Brain," *Nature Reviews Neuroscience* 3（2002）: 201—15 以及 S. Kastner and L. G. Ungerleider, "Mechanisms of Visual Attention in the Human Cortex," *Annual Reviews of Neuroscience* 23（2000）: 315—41。

模型大部分是基于波斯纳对不同类型注意力的评估，详见 M. I. Posner, Chronometric Explorations of Mind（Hillsdale, N.J.: Erlbaum, 1978）以及 M. I. Posner, "Orienting of Attention," *Quarterly Journal of Experimental Psychology* 32（1980）: 3—25。

波斯纳使用"定向（orientation）"这一术语来描述选择性注意力。他还讨论了另一种形式的注意力，即他所谓的"执行注意力（executive attention）"，详见 M. I. Posner and S. E. Petersen, "The Attention System of the Human Brain," *Annual Review of Neuroscience* 13（1990）: 25—42。涉及这类注意力的任务案例即 Stroop 和 Flanker 任务。然而，这些任务常常被归类为抑制性任务，在本书中并不会涉及。可控制的以及刺激驱动的注意力还有许多的同义词，例如"自上而下"和"自下而上"注意力，或是"内源性"和"外源性"注意力。

16　关于唤醒：J. F. Mackworth, *Vigilance and Attention*（Baltimore: Penguin, 1970）。

17　小提琴家的故事摘自 D. L. Schacter, *The Seven Sins of Memory: How the Mind Forgets and Remembers*（New York: Houghton Mifflin, 2001）。

18　波斯纳的研究：M. I. Posner, *Chronometric Explorations of Mind*（Hillsdale, N.J.: Erlbaum, 1978）, and M. I. Posner, "Orienting of Attention," *Quarterly Journal of Experimental Psychology* 32（1980）: 3—25。

19　电脑游戏与ADHD研究：V. Lawrence, S. Houghton, R. Tannock, et al., "ADHD Outside the Laboratory: Boys' Executive Function Performance on Tasks in Videogame Play and on a Visit to the Zoo," *Journal of Abnormal Child Psychology* 30

(2002): 447—62。

21　关于注意力的fMRI研究：J. A. Brefczynski and E. A. DeYoe, "A Physiological Correlate of the 'Spotlight' of Visual Attention," *Nature Neuroscience* 2 (1999): 370—74。其他科学家也曾将注意力比作"聚光灯"，其中包括F. Sengpiel and M. Hubener, "Visual Attention: Spotlight on the Primary Visual Cortex," *Current Biology* 9 (1999): R318–21。更近期的研究显示，神经元不仅会在刺激出现时增加它的反应率，似乎特定脑区的神经元还能因为注意力而变得更加同步（例如不同神经元同时被激活）。这种节奏非常之快，介于每秒钟40—70次振荡。通过评估刺激出现前的神经细胞的同步性，甚至能够预测反应将有多快。详见T. Womelsdorf, P. Fries, P. P. Mitra, et al., "Gammaband Synchronization in Visual Cortex Predicts Speed of Change Detection," *Nature* 439 (2006): 733—36。

22　关于注意力和触觉的早期研究，详见P. E. Roland, "Somatotopical Tuning of the Postcentral Gyrus During Focal Attention in Man. A Regional Cerebral Blood Flow Study," *Journal of Neurophysiology* 46(1981): 744—54, 以及P. E. Roland, "Cortical Regulation of Selective Attention in Man. A Regional Cerebral Blood-Flow Study," *Journal of Neurophysiology* 48 (1982): 1959—78。

22　关于神经元之间竞争的研究：B. C. Motter, "Focal Attention Produces Spatially Selective Processingin Visual Cortical Areas V1, V2, and V4 in the Presence of Competing Stimuli," *Journal of Neurophysiology* 70 (1993): 909—19。

24　关于不同注意力系统的证据都总结在M. Corbetta and G. L. Shulman, "Control of Goal-Directed and Stimulus-Driven Attention in the Brain," *Nature Reviews Neuroscience* 3 (2002): 201—15。最初原创研究包括：S. Kastner, M. A. Pinsk, P. De Weerd, et al., "Increased Activity in Human Visual Cortex During Directed Attention in the Absence of Visual Stimulation," *Neuron* 22 (1999): 751—61和J. B.Hopfinger, M. H. Buonocore, and G. R. Mangun, "The Neural Mechanisms of Top-Down Attentional Control," *Nature Neuroscience* 3 (2000): 284—91。插图取自Corbetta and Shulman, "Control of Goal-Directed and Stimulus-Driven Attention in the Brain."需要指出的是，与选择性注意力有关联的脑区不仅仅是额叶皮层和顶叶皮层。勒贝格（David LeBerge）和其他研究者均发现脑干中的上丘（colliculus superior）部位的一组神经细胞具有某种关键的功能，那里似乎包含了个体周围的空间地图，并且还与新皮层有连接。其他可能与注意力有关的脑部结构还包括丘脑（thalamus）——在大脑中部的一簇神经元，里面包含了许多的核团，例如枕核（pulvinar nucleus）和网状核（reticular nucleus）。这些核团联系着新皮层的大块脑区，因此也很利于传递注意力。因发现DNA结构而获得诺贝尔奖的克里克（Francis Crick）在其后的生涯中决定将研究方向转向脑科学，尤其是意识的起源问题（他可不是一位谦虚的人，据说他有一次纠正了别人对他的介绍："不是获得过诺贝尔奖，而是诺贝尔奖得主。"）在1984年他撰写了一篇题为《丘脑网状

复合体的功能：探照灯假说》的文章，文中他就把注意力比作了一束光，并且进行了充分的阐述。Function of the thalamic reticular complex: the searchlight hypothesis. Proc Natl Acad Sci U S A. 1984 Jul; 81(14): 4586—90。

25　关于忽略：M. Gazzaniga, R. B. Ivry, and G. R. Mangun, *Cognitive Neuroscience*, 2nd ed. (New York: Norton, 2002)。

第三章　心智工作台

28　最早关于工作记忆的描述：K. Pribram, in G. A. Miller, E. Galanter, and K. H. Pribram, eds., *Plans and the Structure of Behavior* (New York: Holt, 1960)。

28　工作记忆的模型：A. D. Baddeley and G. J. Hitch, "Working Memory," in G. A. Bower, ed., *Recent Advances in Learning and Motivation*, vol. 8 (New York:Academic Press, 1974), 47—89。一种更近期的表述可见于 A. Baddeley, "Working Memory: Looking Back and Looking Forward," *Nature Reviews Neuroscience* 4 (2003): 829—39。

30　关于电休克治疗对长期记忆的影响，参见 see L. R. Squire, *Memory and Brain* (New York:Oxford University Press, 1987)。

34　"注意力模板"这个术语首创于 R. Desimone and J. Duncan, "Neural Mechanisms of Selective Visual Attention," *Annual Reviews of Neuroscience* 18 (1995): 193—222。如需了解关于工作记忆与注意力之间重叠部分的解释，请参见 R. Desimone, "Neural Mechanisms for Visual Memory and Their Role in Attention," *Proceedings of the National Academy of Sciences of the United States of America* 93 (1996): 13494—99 和 E. Awh and J. Jonides, "Overlapping Mechanisms of Attention and Spatial Working Memory," *Trends in Cognitive Sciences* 5 (2001): 119—26。

35　表述引用自 A. Baddeley, "Working Memory," *Science* 255(1992): 556—59。本书中给出的雷文矩阵案例并非来自最初发表文献中那些已获批版权的任务，而是采用类似方法重新构建的。最初的雷文矩阵可见于 J. C. Raven, *Advanced Progressive Matrices: Set II* (Oxford: Oxford Psychology Press, 1990)。

36　关于工作记忆和推理的文章：P. C. Kyllonen and R. E. Christal, "Reasoning Ability Is (Little More than) Working-Memory Capacity?!," *Intelligence* 14(1990): 389—433。表述引用自 H.-M. Süß, K. Oberauer, W. W. Wittmann, et al., "Working-Memory Capacity Explains Reasoning Ability—and a Little Bit More," *Intelligence* 20(2002): 261—88。

36　与工作记忆有关的研究以及 gF: R. W. Engle, M. J. Kane, and S. W. Tuholski, "Individual Differences in Working-Memory Capacity and What They Tell Us About Controlled Attention, General Fluid Intelligence and Functions of the Prefrontal Cortex," in A. Shah and P. Shah, eds., *Models of Working Memory: Mechanisms of Active Maintenance and Executive Control*, 102—34 (New York: Cambridge

University Press, 1999）。恩格尔发现了更复杂工作记忆任务（例如阅读时长，这部分来说也是一项协同任务）相比涉及识别或重复口语词汇这样的简单口头工作记忆任务而言有着更高的相关性。然而Engle研究的问题之一是它只涉及口头任务。简单的视觉空间工作记忆任务与瑞文矩阵之间的相关度就与恩格尔所采用的的复杂口头任务一样高。范例可参见K. Oberauer, H.-M. Süß, O. Wilhelm, et al., "Individual Differences in Working Memory Capacity and Reasoning Ability," in R. A. Conway, C. Jarrold, M. J. Kane, et al., eds., *Variation in Working Memory* (New York: Oxford University Press, 2007)。与此有关的讨论以及更多的案例，参见T. Klingberg, "Development of a Superior Frontal-Intraparietal Network for Visuo-Spatial Working Memory," *Neuropsychologia* 44, 11(2006): 2171—77; A. F. Fry and S. Hale, "Relationships Among Processing Speed, Working Memory, and Fluid Intelligence in Children," *Biological Psychology* 54 (2000): 1—34 以及 H.-M. Süß, K. Oberauer, W. W. Wittmann, et al., "Working-memory Capacity Explains Reasoning Ability—and a Little Bit More," *Intelligence* 30, 3 (2002): 261—28。关于工作记忆与智力之间的总结性介绍可见于A. R. Conway, M. J. Kane, and R. W. Engle, "Working Memory Capacity and Its Relation to General Intelligence," *Trends in Cognitive Sciences* 7 (2003): 547—52。

37　关于gF与无操作的记忆任务之间的相关性，参见Oberauer, Süß, Wilhelm, et al., "Individual differences in working memory capacity and reasoning ability," 以及 N. Unsworth and R. W. Engle, "On the Division of Short-Term and Working Memory: An Examination of Simple and Complex Span and Their Relation to Higher Order Abilities," *Psychological Bulletin* 133 (2007): 1038—66。

关于不同工作记忆任务之间的作用差异，以及短期记忆和工作记忆的差异，目前仍在持续的探讨中。有人提出前额叶的腹侧（下方）可通过非操作性工作记忆激活，而背外侧部分（如布罗德曼第46脑区）则只有当需要操作时才会激活。这个说法最早是由佩特里迪斯（Michael Petrides）提出的，并且具有一定的经验支持。详见 A. M. Owen, A. C. Evans, and M. Petrides, "Evidence for a Two-Stage Model of Spatial Working Memory Processing Within the Lateral Frontal Cortex: A Positron Emission Tomography Study," *Cerebral Cortex* 6(1996): 31—38 以及 M. D'Esposito, G. K. Aguirre, E. Zarahn, et al., "Functional MRI Studies of Spatial and Nonspatial Working Memory," *Cognitive Brain Research* 7(1998): 1—13。

然而，也有许多的研究与这一理论存在矛盾，并且显示非操作性工作记忆任务，例如亮点测试（dot test），能够激活前额叶的背外侧。详见 C. E. Curtis, V. Y. Rao, and M. D'Esposito, "Maintenance of Spatial and Motor Codes During Oculomotor Delayed Response Tasks," *Journal of Neuroscience* 24 (2004): 3944—52。此处还显示，这些脑区在操作结束后的延迟期内也会持续激活，进而验证了一些早先的发现，例如J. D. Cohen, W. M. Pearstein, T. S. Braver, et al., "Temporal Dynamics of Brain Activation During a Working-Memory Task," *Nature* 386 (1997): 604—8。

因此德斯波西托和柯蒂斯对伴或不伴操作的任务之间的差异进行了如下总结:"陈述（representation）和操作（operation）之间可以用我们不同认知模型的差异化叙述进行清晰区隔,但我们将会发现,它们几乎无法用我们现有的间接的（如 fMRI）甚至直接（例如单位放电记录）的神经元活动测量手段进行甄别。"C. E. Curtis and M. D'Esposito, "Persistent Activity in the Prefrontal Cortex During Working Memory," *Trends in Cognitive Sciences* 7 (2003): 415—23。如果有人想要创造一种与脑电活动数据相匹配的术语体系,那么这两种工作记忆任务将是极其难以区分的。关于这个话题的更深入的讨论只有留给科研刊物了。

第四章　工作记忆的模型

40　关于工作记忆任务期间神经元活动的最广为引用的研究之一是 S. Funahashi, C. J. Bruce, and P. S. Goldman-Rakic, "Mnemonic Coding of Visual Space in the Monkey's Dorsolateral Prefrontal Cortex," *Journal of Neurophysiology* 61 (1989): 331—49。最早的研究则是 J. M. Fuster and G. E. Alexander, "Neuron Activity Related to Short-Term Memory," *Science* 173 (1971): 652—54。

41　关于计算机模拟工作记忆活动的综述例如 X.-J.Wang, "Synaptic Reverberation Underlying Mnemonic Persistent Activity," *Trends in Neuroscience* 24 (2001)。此外亦可参看 J. Tegner, A. Compte, and X.-J. Wang, "The Dynamical Stability of Reverberatory Neural Circuits," *Biological Cybernetics* 87 (2002): 471—81。

42　工作记忆的 PET 研究: E. Paulesu, C. D. Frith, and R. S. J. Frackowiak, "The Neural Correlates of the Verbal Component of Working Memory," *Nature* 362 (1993): 342—45 以及 J. Jonides, E. E. Smith, R. A. Koeppe, et al., "Spatial Working Memory in Humans as Revealed by PET," *Nature* 363 (1993): 623—25。

42　显示持续性活动的 fMRI 研究: J. D. Cohen, W. M. Pearstein, T. S. Braver, et al., "Temporal Dynamics of Brain Activation During a Working-Memory Task," *Nature* 386 (1997) 以及 S. M. Courtney, L. G. Ungerleider, K. Keil, et al., "Transient and Sustained Activity in a Distributed Neural System for Human Working Memory," *Nature* 386 (1997): 608—11。

43　亮点测试期间的持续活动: C. E. Curtis, V. Y.Rao, and M. D'Esposito, "Maintenance of Spatial and Motor Codes During Oculomotor Delayed ResponseTasks," *Journal of Neuroscience* 24 (2004): 3944—52。

44　插图引自 C. E. Curtis and M. D'Esposito, "Persistent Activity in the Prefrontal Cortex During Working Memory," *Trends in Cognitive Sciences* 7 (2003): 415—23。

45　支持特定神经元理论的研究: S. Funahashi, C. J. Bruce, and P. S. Goldman-Rakic, "Mnemonic Coding of Visual Space in the Monkey's Dorsolateral Prefrontal Cortex," *Journal of Neurophysiology* 61 (1989): 331—49。

45　支持多模态细胞理论的研究：J. Quintana and J. M. Fuster, "Mnemonic and Predictive Functions of Cortical Neurons in a Memory Task," *Neuroreport* 3 (1992): 721—24。详细综述参见 J. M. Fuster, *Memory in the Cerebral Cortex* (Cambridge, Mass.: MIT Press, 1995)。

45　平行工作记忆系统理论：P. S. Goldman-Rakic, "Topography of Cognition: Parallel Distributed Networks in Primate Association Cortex," *Annual Reviews of Neuroscience* 11 (1988): 137—56。

46　多模态脑区研究：T. Klingberg, P. E. Roland, and R. Kawashima, "Activation of Multi-modal Cortical Areas Underlies Short-Term Memory," *European Journal of Neuroscience* 8 (1996): 1965—71 以及 T. Klingberg, "Concurrent Performance of Two Working-Memory Tasks: Potential Mechanisms of Interference," *Cerebral Cortex* 8 (1998): 593—601。

46　其他提示不同模型之间重叠和瓶颈的研究，例如 J. Duncan and A. M. Owen, "Common Regions of the Human Frontal Lobe Recruited by Diverse Cognitive Demands," *Trends in Neurosciences* 23 (2000): 475—83, H. Hautzel, F. M. Mottaghy, D. Schmidt, et al., "Topographic Segregation and Convergence of Verbal, Object, Shape and Spatial Working Memory in Humans," *Neuroscience Letters* 323 (2002): 156—60 以及 C. E. Curtis and M. D'Esposito, "Persistent Activity in the Prefrontal Cortex During Working Memory," *Trends in Cognitive Sciences* 7 (2003): 415—23。

第五章　大脑与神奇数字7

47　米勒的原创文章为 G. A. Miller, "The Magical Number Seven, Plus or Minus Two: Some Limits on Our Capacity for Processing Information," *Psychological Review* 63 (1956): 81—97。此外以可参考 N. Cowan, "The Magical Number 4 in Short-Term Memory: A Reconsideration of Mental Storage Capacity," *Behavioral and Brain Sciences* 24 (2001): 87—185。

48　婴儿工作记忆的研究：A. Diamond and P. S. Goldman-Rakic, "Comparison of Human Infants and Rhesus Monkeys on Piaget's AB Task: Evidence for Dependence on Dorsolateral Prefrontal Cortex," *Experimental Brain Research* 74, 1 (1989): 24—40。

49　关于工作记忆发育的研究：S. E. Gathercole, S. J. Pickering, B. Ambridge, et al., "The Structure of Working Memory from 4 to 15 Years of Age," *Developmental Psychology* 40 (2004): 177—90, S. Hale, M. D. Bronik, and A. F. Fry, "Verbal and Spatial Working Memory in School-Age Children: Developmental Differences in Susceptibility to Interference," *Developmental Psychology* 33 (1997): 364—71 以

及 H. Westerberg, T. Hirvikoski, H. Forssberg, et al., "Visuospatial Working Memory: A Sensitive Measurement of Cognitive Deficits in ADHD," *Child Neuropsychology* 10 (2004): 155—61。

49　关于工作记忆与儿童的问题解决能力：A. F. Fry and S. Hale, "Processing Speed, Working Memory, and Fluid Intelligence," *Psychological Science* 7 (1996): 237—41。

50　图5.1中关于工作记忆与年龄的数据取自 H. L. Swanson, "What Develops in Working Memory? A Life Span Perspective," *Developmental Psychology* 35 (1999): 986—1000。

50　在儿童和成年人中的专注力游戏的研究：L. Baker-Ward and P. A. Ornstein, "Age Differences in Visual-Spatial Memory Performance: Do Children Really Out-perform Adults When Playing Concentration?" *Bulletin of the Psychonomic Society* 26(1988): 331—32 以及 M. Gulya, A. Rosse-George, K. Hartshorn, et al., "The Development of Explicit Memory for Basic Perceptual Feature," *Journal of Experimental Child Psychology* 81 (2002): 276—97。

51　童年时期脑部活动的改变：T. Klingberg, H. Forssberg, and H. Westerberg, "Increased Brain Activity in Frontal and Parietal Cortex Underlies the Development of Visuo-spatial Working Memory Capacity During Childhood," *Journal of Cognitive Neuroscience* 14 (2002): 1—10。涉及脑部活动以及髓鞘化测量的研究：P. J. Olesen, Z. Nagy, H.Westerberg, et al., "Combined Analysis of DTI and fMRI Data Reveals a Joint Maturation of White and Grey Matter in a Fronto-parietal Network," *Cognitive Brain Research* 18 (2003): 48—57。一项包括了在工作记忆任务期间注意力分散的研究是 P. Olesen, J. Macoveanu, J. Tegner, et al., "Brain Activity Related Working Memory and Distraction in Children and Adults," *Cerebral Cortex*, June 26, 2006 (e-pub ahead of print)。

52　其他验证这些结果的与视觉空间记忆发育有关的研究：H. Kwon, A. L. Reiss, and V. Menon, "Neural Basis of Protracted Developmental Changes in Visuo-spatial Working Memory," *Proceedings of the National Academy of Sciences USA* 99 (2002): 13336—41。

52　雷文矩阵表现与脑部活动之间的相关性：K. H. Lee, Y. Y. Choi, J. R. Gray, et al., "Neural Correlates of Superior Intelligence: Stronger Recruitment of Posterior Parietal Cortex," *Neuroimage* 29 (2006): 578—86. A correlation between performance on Raven's matrices and frontal and parietal activity when people are performing working memory tasks has also been shown by J. R. Gray, C. F. Chabris, and T. S. Braver, "Neural Mechanisms of General Fluid Intelligence," *Nature Neuroscience* 6 (2003): 316—22。

53　爱因斯坦大脑的研究：S. F. Witelson, D. L. Kigar, and T. Harvey, "The

Exceptional Brain of Albert Einstein," *Lancet* 353（1999）: 2149—53。

54　信息负载与大脑活动的概述: T. Klingberg, "Limitations in Information-Processing in the Human Brain: Neuroimaging of Dual Task Performance and Working Memory Tasks," *Progress in Brain Research* 126（2000）: 95—102。

55　突触密度与发育: P. Huttenlocher, "Synaptic Density in Human Frontal Cortex-Developmental Changes and Effects of Aging," *Brain Research* 163（1979）: 195—205。

55　发育期间的轴突丢失: A. S. LaMantia and P. Rakic, "Axon Overproduction and Elimination in the Corpus Callosum of the Developing Rhesus Monkey," *Journal of Neuroscience* 10（1990）: 2156—75。

55　髓鞘化的组织学研究: P. I. Yakovlev and A.-R. Lecours, "The Myelogenetic Cycles of Regional Maturation of the Brain," in A. Minkowsi, ed., *Regional Development of the Brain in Early Life*, 3—70（Oxford: Blackwell Scientific Publications, 1967）。使用磁共振扫描来测量水在白质中的扩散情况，即名为扩散张量成像的一种技术，能够提供对髓鞘化的间接评估。这项技术被用于白质发育的研究。Z. Nagy, H. Westerberg, and T. Klingberg, "Regional Maturation of White Matter During Childhood and Development of Function," *Journal of Cognitive Neuroscience* 16（2004）: 1227—33。在另一项扩散研究中，髓鞘化被发现与脑活动改变之间存在关联: Olesen, Nagy, Westerberg, et al., "Combined analysis of DTI and fMRI data"。

56　神经元活动的建模: F. Edin, J. Macoveanu, P. Olesen, et al., "Stronger Synaptic Connectivity as a Mechanism Behind Development of Working Memory-Related Brain Activity During Childhood," *Journal of Cognitive Neuroscience* 19（2007）: 750—60。

第六章　协同能力与脑力带宽

60　图6.1引用自 M. Posner, *Chronometric Explorations of Mind*（Hillsdale, N. J.: Erlbaum, 1978）。

61　关于双任务能力的性别差异: M. Hiscock, N. Perachio, and R. Inch, "Is There a Sex Difference in Human Laterality? IV. An Exhaustive Survey of Dual-Task Interference Studies from Six Neuropsychology Journals," *Journal of Clinical and Experimental Neuropsychology* 23（2001）: 137—48。

61　关于协同执行的研究: D. L. Strayer and W. A. Johnston, "Driven to Distraction: Dual-Task Studies of Simulated Driving and Conversing on a Cellular Telephone," *Psychological Science* 12（2001）: 462—66。对死亡的估计: "How Many Things Can You Do at Once," *New Scientist*, April 7, 2007. H. Alm and L. Nilsson, "The Effects of a Mobile Telephone Task on Driver Behaviour in a Car Following Situation," *Accident Analysis and Prevention* 27（1995）：707—15。

63　关于工作记忆和注意力分散：N. Lavie, A. Hirst, J. W. de Fockert, et al., "Load Theory of Selective Attention and Cognitive Control," *Journal of Experimental-Psychology* 133（2004）：339—54。相关概述参见 N. Lavie, "Distracted and Confused? Selective Attention Under Load," *Trends in Cognitive Sciences* 9（2005）：75—82。注意力分散期间的脑部活动报导于 J. W. de Fockert, G. Rees, C. D. Frith, et al., "The Role of Working Memory in Visual Selective Attention," *Science* 291（2001）：1803—6。

63　关于工作记忆的容量和可被干扰性：E. K. Vogel, A. W. Mc Collough, and M. G. Machizawa, "Neural Measures Reveal Individual Differences in Controlling Access to Working Memory," *Nature* 438（2005）：500—3。关于过滤机制的控制：F. McNab and T. Klingberg, "Prefrontal Cortex and Basal Ganglia Control Access to Working Memory," *Nature Neuroscience* 11, 1（2008）：103—7。

63　关于工作记忆的容量和鸡尾酒会效应：A. R. Conway, N. Cowan, and M. F. Bunting, "The Cocktail Party Phenomenon Revisited: The Importance of Working Memory Capacity," *Psychonomic Bulletin amd Review* 8（2001）：331—35。

64　关于思维漫游的研究：M. J. Kane, L. H. Brown, J. C. McVay et al. "For whom the mind wanders, and when. An experience-sampling study of working memory and executive control in daily life." *Psychological Science* 18（2007）614—21。

66　中央执行系统的 fMRI 研究：M. D'Esposito, J. A. Detre, D. C. Alsop, et al., "The Neural Basis of the Central Executive System of Working Memory," *Nature* 378（1995）：279—81。

67　关于协同执行期间发生干扰的另一种假说的研究：T. Klingberg and P. E. Roland, "Interference Between Two Concurrent Tasks Is Associated with Activation of Overlapping Fields in the Cortex," *Cognitive Brain Research* 6（1997）：1—8，T. Klingberg, "Concurrent Performance of Two Working Memory Tasks: Potential Mechanisms of Interference," *Cerebral Cortex* 8（1998）以及 T. Klingberg, "Limitations in Information Processing in the Human Brain: Neuroimaging of Dual Task Performance and Working Memory Tasks," *Progress in Brain Research* 126（2000）。

68　协同执行的 fMRI 研究：S. Bunge, T. Klingberg, R. B. Jacobsen, et al., "A Resource Model of the Neural Substrates of Executive Working Memory in Humans," *Proceedings of the National Academy of Sciences USA* 97（2000）：3573—78。

68　未能重复出德斯波西托关于存在一个独立"协同执行"脑区这一结果的一项研究：R. A. Adcock, R. T. Constable, J. C. Gore, et al., "Functional Neuroanatomy of Executive Processes Involved in Dual-Task Performance," *Proceedings of the National Academy of Sciences USA* 97（2000）：3567—72。

68　一项发现协同执行特异性脑部活动的研究：E. Koechlin, G. Basso, P. Pietrini, et al., "The Role of the Anterior Prefrontal Cortex in Human Cognition," *Nature* 399（1999）: 148—51。

第七章　华莱士悖论

72　引述自 S. J. Gould, *The Panda's Thumb: More Reflections in Natural History*（New York: Norton, 1980）, 55。

73　皮层的尺寸和群体的规模：R. I. M. Dunbar, Grooming, *Gossip and the Evolution of Language*（London: Faber, 1996）。

74　图 7.1 引用自 R. I. M. Dunbar, Grooming, *Gossip and the Evolution of Language*（London: Faber, 1996）。需要指出的是，基因突变一直都在发生，进化也不是在数千年前突然停止了。遗传学家已经发现，从智人在 20 万年前出现以来，已经有几个基因发生了改变。例如，Bruce Lahn 和他在芝加哥大学的同事就鉴定出两种基因变异体。其中一种被认为是在 4 万年前发生的，而另一个则仅仅发生在 6 千年前：P. D. Evans, S. L. Gilbert, N. Mekel-Bobrov, et al., "Microcephalin, a Gene Regulating Brain Size, Continues to Evolve Adaptively in Humans," *Science* 309（2005）: 1717—20 以及 N. Mekel Bobrov, S. L. Gilbert, P. D. Evans, et al., "Ongoing Adaptive Evolution of ASPM, a Brain Size Determinant in *Homo sapiens*," *Science* 309（2005）: 1720—22。基因变异体有时候会非常引人关注，因为某些导致基因功能异常的突变会造成小头畸形（microcephaly），即新生儿的大脑只有正常尺寸的 1/3 左右。只是上述这些基因变异体的影响（如果存在的话）究竟是什么目前还是个谜。不仅不同变异体的功能还不清楚，而且它们似乎还是从非洲迁徙而来，这意味着它们并没有影响整个人类。稍后的一项研究也未能发现这个基因的正常变异性与智力之间存在任何相关性：N. Mekel-Bobrov et al., "The Ongoing Adaptive Evolution of ASPM and Microcephalin Is Not Explained by Increased Intelligence," *Human Molecular Genetics* 16（2007）: 600—608。

75　马基雅弗利智力：R. W. Byrne and A. Whiten, *Machiavellian Intelligence: Social Expertise and the Evolution of Intellect in Monkeys, Apes and Humans*（Oxford: Oxford Science Publications, 1988）。

75　语言在大脑进化中的作用：T. W. Deacon, *The Symbolic Species: The Coevolution of Language and the Human Brain*（London: Allen Lane, 1997）。

76　智力与性选择的进化：G. Miller, *The Mating Mind: How Sexual Choice Shaped the Evolution of Human Nature*（London: Heinemann, 2000）。

76　关于古尔德的论点以及他对平克的驳斥的概要性描述可见于 S. J. Gould, "Darwinian Fundamentalism," *New York Review of Books*, June 10, 1997, 1244. See also S. J. Gould, *The Panda's Thumb: More Reflections in Natural History*（New York: Norton, 1980）, 55。

第八章 大脑可塑性

80 关于颅相学：V. Mountcastle, "The Evolution of Ideas Concerning the Function of the Neocortex," *Cerebral Cortex* 5 (1995): 289—95。

82 图 8.1（上图）：Phrenology picture © 2002 Topham Picturepoint. Diagram of histological areas taken from K. Brodmann, *Vergleichende Lokalisationslehre der Grosshirnrinde* (Leipzig: Barth, 1909)。

83 关于躯体感觉脑区可塑性的描述参见 J. H. Kaas, M. M. Merzenich, and H. P. Killackey, "The Reorganization of Somatosensory Cortex Following Peripheral Nerve Damage in Adult and Developing Mammals," *Annual Review of Neuroscience* 6 (1983): 325—56 以及 J. H. Kaas, "Plasticity of Sensory and Motor Maps in Adult Mammals," *Annual Review of Neuroscience* 14 (1991): 137—67。

83 视神经的移植：J. Sharma, A. Angelucci, and M. Sur, "Induction of Visual Orientation Modules in Auditory Cortex," *Nature* 404(2000): 841—47。关于行为影响的介绍可参见 L. von Melchner, S. L. Pallas, and M. Sur, "Visual Behaviour Mediated by Retinal Projections Directed to the Auditory Pathway," *Nature* 404 (2000): 871—76。

84 训练及其对听觉脑区的影响：G. H. Recanzone, C. E. Schreiner, and M. M. Merzenich, "Plasticity in the Frequency Representation of Primary Auditory Cortex Following Discrimination Training in Adult Owl Monkeys," *Journal of Neuroscience* 13 (1993): 87—103。

84 关于上肢训练及其对新皮层的影响：R. J. Nudo, G. W. Milliken, W. M. Jenkins, et al., "Use-Dependent Alterations of Movement Representations in Primary Otor Cortex of Adult Squirrel Monkeys," *Journal of Neuroscience* 16 (1996): 785—807。

85 弦乐演奏家的研究：T. Elbert, C. Pantev, C.Wienbruch, et al., "Increased Cortical Representation of the Fingers of the Left Hand in String Players," *Science* 270 (1995)。

85 钢琴家的白质研究：S. L. Bengtsson, Z. Nagy, S. Skare, et al., "Extensive Piano Practicing Has Regionally Specific Effects on White Matter Development," *Nature Neuroscience* 8 (2005)。

85 学习手指运动的 fMRI 研究：A. Karni, G. Meyer, P. Jezzard, et al., "Functional MRI Evidence for Adult Motor Cortex Plasticity During Motor Skill Learning," *Nature* 377 (1995): 155—58。

85 抛接球杂耍：B. Draganski, C. Gaser, V. Busch, et al., "Neuroplasticity: Changes in Grey Matter Induced by Training," *Nature* 427 (2004): 311—12。

第九章　ADHD存在吗?

89　ADHD的定义: American Psychiatric Association, *Diagnostic and Statistical Manual of Mental Disorders*, 4th ed. (Washington, D.C.: American Psychiatric Association, 1994)。关于ADHD的综述可参见J. Biederman and S. V.Faraone, "Attention-Deficit Hyperactivity Disorder," *Lancet* 366 (2005): 237—48。

93　ADHD的遗传性: Biederman and Faraone, "Attention Deficit Hyperactivity Disorder." *Lancet* 366 (2005): 237—48。

94　关于ADHD与工作记忆的假说: R. A. Barkley, "Behavioral Inhibition, Sustained Attention, and Executive Functions: Constructing a Unifying Theory of ADHD," *Psychological Bulletin* 121 (1997): 65—94。

95　显示ADHD病例存在工作记忆障碍的研究: J. H. Dowson, A. McLean, E. Bazanis, et al., "Impaired Spatial Working Memory in Adults with Attention-Deficit/Hyperactivity Disorder: Comparisons with Performance in Adults with Borderline Personality Disorder and in Control Subjects," *Acta Psychiatrica Scandinavica* 110 (2004): 45—54、S. Kempton, A. Vance, P. Maruff, et al., "Executive Function and Attention Deficit Hyperactivity Disorder: Stimulant Medication and Better Executive Function Performance in Children," *Psychological Medicine* 29 (1999): 527—38 以及 H. Westerberg, T. Hirvikoski, H. Forssberg, et al., "Visuo-spatial Working Memory: A Sensitive Measurement of Cognitive Deficitsin ADHD," *Child Neuropsychology* 10 (2004): 155—61。

96　缺乏长效药物: P. S. Jensen et al., "Three-Year Follow-up of the NIMH MTA Study," *Journal of the American Academy of Child and Adolescent Psychiatry* 46 (2007): 989—1002。

96　中枢神经兴奋剂对工作记忆的影响: R. Barnett, P. Maruff, A. Vance, et al., "Abnormal Executive Function in Attention Deficit Hyperactivity Disorder: The Effect of Stimulant Medication and Age on Spatial Working Memory," *Psychological Medicine* 31 (2001): 1107—15, and A. C. Bedard, R. Martinussen, A. Ickowicz, et al., "Methylphenidate Improves Visual-Spatial Memory in Children with Attention-Deficit/Hyperactivity Disorder," *Journal of the American Academy of Child and Adolescent Psychiatry* 43 (2004): 260—68。

96　社区家长教育项目(COPE): R. A. Barkley, A. Russell, and K. R. Murphy, *Attention-Deficit Hyperactivity Disorder: A Clinical Workbook* (New York: Guilford Press, 2006)。

97　教授ADHD: http://www.aboutkidshealth.ca/teachadhd。

97　关于ADHD的建议: K. G. Nadeau, *ADD in the Workplace: Choices, Changes, and Challenges* (Bristol, Penn.: Brunner/Mazel, 1997)。

第十章 认知健身房

99 早期训练研究：E. C. Butterfield, C. Wambold, and J. M. Belmont, "On the Theory and Practice of Improving Short-Term Memory," *American Journal of Mental Deficiency* 77（1973）：654—69。

99 学会了记忆数字序列的学生：K. A. Ericsson, W. G. Chase, and S. Faloon, "Acquisition of a Memory Skill," *Science* 208（1980）：1181—82。

102 首个训练研究：T. Klingberg, H. Forssberg, and H. Westerberg, "Training of Working Memory in Childrenwith ADHD," *Journal of Clinical and Experimental Neuropsychology* 24（2002）：781—91。

103 有多家中心参与的验证性训练研究：T. Klingberg, E. Fernell, P. Olesen, et al., "Computerized Training of Working Memory in Children with ADHD—A Randomized, Controlled Trial," *Journal of the American Academy of Child and Adolescent Psychiatry* 44(2005)：177—86。

104 其他训练研究：K. Dahlin, M. Myrberg, T. Klingberg, "Training of working memory in children with special education needs and attentional problems" Scandinavian Journal of Psychology（in press）. American independent replications: B. Gibson et al., "Computerized Training of Working Memory in ADHD," abstract paper presented at the Conference for Children and Adults with Attention Deficit/Hyperactivity Disorder, 2006. C. Lucas, H. Abikoff, E. Petkova, et al. "A randomized controlled trial of two forms of computerized working memory training in ADHD". Abstracted presented at American Psychiatric Association meeting, May 2008, Washington。

104 健康老年人的训练：H. Westerberg, Y. Brehmer, N. D'hondt, et al., "Computerized Training of Working Memory in Aging——A Controlled Randomized Trial," poster presented at the 20th Cognitive Aging Conference in Adelaide, Australia, July 12—15, 2007。

104 训练项目的临床使用和销售是Cogmed公司的业务范畴,它是一家由卡罗林斯卡开发公司（Karolinska Development）创立并大比例控股的公司,而后者则是为了将卡罗林斯卡学院的各种发明进行商业化并确保其在社会上得到广泛应用而设立的。作为发明者的韦斯特贝格（Helena Westerberg）、贝克曼（Jonas Beckeman）、斯科格隆（David Skoglund）还有我拥有这家公司的股份,但并不会根据用户的数量而收取授权使用费或类似的经费。

105 关于工作记忆训练的fMRI研究：P. J. Olesen, H. Westerberg, and T. Klingberg, "Increased Prefrontal and Parietal Brain Activity After Training of Working Memory," *Nature Neuroscience* 7（2004）：75—79。

106 注意力历程培训：M. M. Sohlberg, K. A. McLaughlin, A. Pavese, et al., "Evaluation of Attention Process Training and Brain Injury Education in Persons with Acquired Brain Injury," *Journal of Clinical and Experimental Neuropsychology* 22

(2000): 656—76。

107　其他关于工作记忆训练的研究：S. Jaeggi, M. Buschkuehl, J. Jonides, W. J. Perrig (2008) Improving fluid intelligence with training on working memory. *Proceedings of the National Academy of Sciences USA* 13;105(19): 6829—33。

第十一章　脑力的日常锻炼

109　爱因斯坦衰老研究：J. Verghese, R. B. Lipton, M. J. Katz, et al., "Leisure Activities and the Risk of Dementia in the Elderly," *New England Journal of Medicine* 348 (2003): 2508—16。

111　斯德哥尔摩项目：A. Karp, S. Paillard-Borg, H. X. Wang, et al., "Mental, Physical and Social Components in Leisure Activities Equally Contribute to Decrease Dementia Risk," *Dementia and Geriatric Cognitive Disorders* 21 (2006): 65—73。另可参见 H. X. Wang, A. Karp, B. Winblad, et al., "Late-Life Engagement in Social and Leisure Activities Is Associated with a Decreased Risk of Dementia: A Longitudinal Study from the Kungsholmen Project," *American Journal of Epidemiology* 155 (2002): 1081—87。

113　引述自 Dialogues of the Zen Masters, translated into English by K. Matsuo and E. Steinilber-Oberlin, in R. P. Kapleau, *The Three Pillars of Zen* (New York: Anchor Books, 1989), 10。

114　有关"凡夫禅"的内容出处同上。

115　关于神经科学大会请见 M. Barinaga, "Studying the Well-Trained Mind," *Science* 302 (2003): 44—46。

116　脑电图研究：A. Lutz, L. L. Greischar, N. B. Rawlings, et al., "Long-Term Meditators Self-Induce High-Amplitude Gamma Synchrony During Mental Practice," *Proceedings of the National Academy of Sciences USA* 101 (2004): 16369—73。

116　佛教僧侣的fMRI研究：J. A. Brefczynski-Lewis, A. Lutz, H. S. Schaefer, et al., "Neural Correlates of Attentional Expertise in Long-Term Meditation Practitioners," *Proceeding of the National Academy of Sciences USA* 104 (2007): 11483—88。

117　禅宗冥想者的研究：G. Pagnoni and M. Cekic, "Age Effects on Gray Matter Volume and Attentional Performance in Zen Meditation," *Neurobiology of Aging* 28 (2007): 1623—27。

第十二章　电脑游戏

119　有关詹妮弗·格林内尔的内容引述自 Tracy McVeigh, "Computer Games Stunt Teen Brains," Observer, August 19, 2001。

122　电脑游戏的积极作用：K. Durkin and B. Barber, "Not So Doomed: Computer Game Play and Positive Adolescent Development," *Journal of Applied Develop-*

mental Psychology 23（2002）: 373—92。

123 俄罗斯方块研究: R. De Lisi and J. L. Wolford, "Improving Children's Mental Rotation Accuracy with Computer Game Playing," *Journal of Genetic Psychology* 163（2002）: 272—82。

124 动作游戏研究: C. S. Green and D. Bavelier, "Action Video Game Modifies Visual Selective Attention," *Nature* 423（2003）: 534—37。

124 瑞典国立公共健康研究院的报告: A. Lager and S. Bremberg, "Hälsoeffekter av tv-och dataspelande—en systematisk genomgång av vetenskapliga studier," *National Institute of Public Health*, Stockholm, 2005。

126 关于大脑年龄与任天堂: I. Fuyuno, "Brain Craze," *Nature* 447（2007）: 18—20. Posit Science: H. W. Mahncke, B. B. Connor, J. Appelman, et al., "Memory Enhancement in Healthy Older Adults Using a Brain Plasticity-Based Training Program: A Randomized, Controlled Study," *Proceedings of the National Academy of Sciences USA* 103（2006）: 12523—8。

第十三章 弗林效应

128 关于弗林效应的报导见诸于 J. Flynn, "Massive Gains in 14 Nations: What IQ Tests Really Measure," *Psychological Bulletin* 101（1987）以及 J. Flynn, "Searching for Justice—The Discovery of IQ Gains over Time," *American Psychologist* 54（1999）. S. Johnson "Dome improvement" Wired 13.05, May（2005）。

129 智力计划: R. J. Herrnstein, R. S. Nickerson, M. de Sanchez, et al., "Teaching Thinking Skills," *American Psychologist* 41（1986）: 1283。

130 以色列训练研究: R. Feuerstein, M. B. Hoffman, Y. Rand, et al., "Learning to Learn: Mediated Learning Experiences and Instrumental Enrichment," *Special Services in the Schools* 39（1986）: 49—82。

130 克瓦什切夫的研究: L. Stankov, "Kvashchev's Experiment: Can We Boost Intelligence?" *Intelligence* 10（1986）: 209—30。

131 克劳尔的研究: K. J. Klauer, K. Willmes, and G. D. Phye, "Inducing Inductive Reasoning: Does It Transfer to Fluid Intelligence?" *Contemporary Educational Psychology* 27（2002）: 1—25。

132 环境对IQ的影响: P. M. Greenfield, "The Cultural Evolution of IQ," in U. Neisser, ed., *The Rising Curve: Long-Term Gains in IQ and Related Measures*（Washington, D. C.: American Psychological Association, 1998）。

132 S. Johnson, *Everything Bad Is Good for You: How Today's Popular Culture Is Actually Making Us Smarter*（New York: Riverhead Books, 2005）。

第十四章　神经认知的强化

136　关于神经认知强化的文章：M. J. Farah, J. Illes, R. Cook-Deegan, et al., "Neurocognitive Enhancement: What Can We Do and What Should We Do?" *Nature Reviews Neuroscience* 5（2004）：421—25。

137　安非他明对非ADHD人群的作用：J. L. Rapoport, M. S. Buchsbaum, H. Weingartner, et al., "Dextroamphetamine: Cognitive and Behavioural Effects in Normal Prepubertal Boys," *Science* 199（1978）：560—63 以及 J. L. Rapoport, M. S. Buchsbaum, H. Weingartner, et al., "Dextroamphetamine: Cognitive and Behavioural Effects in Normal and Hyperactive Boys and Normal Adult Males," *Archives of General Psychiatry* 37（1980）：933—43。

137　哌甲酯（利他林）对非ADHD人群影响的报导见诸于 M. A. Mehta, A. M. Owen, B. J. Sahakian, et al., "Methylphenidate Enhances Working Memory by Modulating Discrete Frontal and Parietal Lobe Regions in the Human Brain," *Journal of Neuroscience* 20（2000）：RC65。

137　关于大学生中使用中枢神经兴奋剂的报道见于 Farah, Illes, Cook-Deegan, et al., "Neurocognitive Enhancement," 和 Q. Babcock and T. Byrne, "Students' Perceptions of Methylphenidate Abuse at a Public Liberal Arts College," *Journal of American College Health* 49（2000）以及 A. M. Arria K. M. Caldeira, K.E. O'Grady et al. "Nonmedical use of prescription stimulants among college students" *Pharmacotherapy* 28(2)（2008）156—69 和 B. Maher. "Poll results: look who's doping." *Nature* 452（2008）674—75。

138　人机交互：L. R. Hochberg, M. D .Serruya, G. M. Friehs, et al., "Neuronal Ensemble Control of Prosthetic Devices by a Human with Tetraplegia," *Nature* 442（2006）：164—71。

139　多巴胺受体随着衰老而减少：L. Bäckman, N. Ginovart, R. A. Dixon, et al., "Age-Related Cognitive Deficits Mediated by Changes in the Striatal Dopamine System," *American Journal of Psychiatry* 157(2000)：635—37。

140　尽管关于利他林或其他类似药物对创造力的影响有一些个案报道，例如 J. Zaslow, "What if Einstein Had Taken Ritalin," Wall Street Journal, February 3, 2005 和 O. Sacks, *The Man Who Mistook His Wife for a Hat* (London: Duckworth, 1985)，但药物和创造力之间的关联尚未得到证明，并且也有研究显示利他林并没有令ADHD儿童在与创造力有关的评估中表现得比其他儿童更差，例如 M. V. Solanto and E. H. Wender, "Does Methylphenidate Constrict Cognitive Functioning?" *Journal of the American Academy of Child and Adolescent Psychiatry* 28（1989）：897—902。利他林究竟如何影响成年ADHD患者或者非ADHD人群的创造力目前尚不清楚。

140　关于5-羟色胺与爱情：D. Marazziti, H. S. Akiskal, A. Rossi, et al., "Alteration of the Platelet Serotonin Transporter in Romantic Love," *Psychological Medicine* 29 (1999): 741—45 以及 H. Fisher, *Why We Love: The Nature and Chemistry of Romantic Love* (New York: Henry Holt, 2004)。

第十五章　信息洪流与心流

144　关于压力及其潜在影响因素的研究：R. M. Sapolsky, *Why Zebras Don't Get Ulcers* (New York: W. H. Freeman, 1994)。

144　电子邮件负荷的研究来自 J. Glieck, *Faster: The Acceleration of Just About Everything* (London: Little, Brown, 2001)。

145　关于心流：M. Csíkszentmihályi, *Finding Flow: The Psychology of Engagement with Everyday Life* (New York: Basic Books, 1997)。

图书在版编目(CIP)数据

超负荷的大脑:信息过载与工作记忆的极限/(瑞典)托克尔·克林贝里著;周建国,周东译.—上海:上海科技教育出版社,2021.4(2022.10重印)

ISBN 978-7-5428-7482-5

Ⅰ.①超… Ⅱ.①托… ②周… ③周… Ⅲ.①脑科学-研究 Ⅳ.①R338.2

中国版本图书馆CIP数据核字(2021)第027190号

责任编辑 伍慧玲 王世平 王怡昀
版式设计 李梦雪
封面设计 杨 静

超负荷的大脑——信息过载与工作记忆的极限
[瑞典]托克尔·克林贝里 著
周建国 周 东 译

出版发行	上海科技教育出版社有限公司 (上海市闵行区号景路159弄A座8楼 邮政编码201101)
网 址	www.sste.com www.ewen.co
经 销	各地新华书店
印 刷	常熟市文化印刷有限公司
开 本	720×1000 1/16
印 张	11.75
版 次	2021年4月第1版
印 次	2022年10月第2次印刷
书 号	ISBN 978-7-5428-7482-5/N·1114
图 字	09-2021-0311号
定 价	45.00元

DEN ÖVERSVÄMMADE HJÄRNAN
(*The Overflowing Brain*)
by
Torkel Klingberg
Copyright © Torkel Klingberg 2011
Simplified Character Chinese edition copyright © 2021 by
Shanghai Scientific & Technological Education Publishing House
Published by agreement with Grand Agency, Sweden,
and Andrew Nurnberg Associated International Limited, UK
ALL RIGHTS RESERVED